06
생일

06
생일

우주에서 온 보석 같은 너

이지유의 이 지 사이언스

EASY SCIENCE

글·그림 **이지유**

창비

과학을 가지고 놀자!

　과학자들은 새로운 연구를 시작할 때 반드시 선행 연구를 공부한다. 비슷한 연구를 하던 과학자들이 앞서 이루어 놓은 방법과 결과를 찾아본 뒤 그 연구를 바탕 삼아 가설을 세우고 실험을 통해 검증한 다음, 이 내용을 잘 정리해 누구나 다 따라 할 수 있도록 논문을 쓴다. 물론 '누구나'는 과학자들을 일컫는다. 이렇게 논문으로 정리되어 세상에 태어난 지식은, 과학이라는 거대한 건축물을 이루는 벽돌 한 장이 된다. 우리가 과학 지식이라고 부르는 것들은 대부분 이 벽돌이다.

　비전문가는 과학 지식을 받치고 있는 뼈대가 무엇인지, 그 밑에는 어떤 지지대가 있는지 잘 모르고 내부 구조도 잘 모른다. 그래서 과학 지식이 어려울 수밖에 없다. 사정이 이러하니 과학 지식을 비전문가도 이해하기 쉽게 풀어서 설명하는 다양한 콘텐츠가 쏟아져 나오는데, 매우 즐거운 일이다. 다양한 분야에 대해 각기 다른 난이도, 색다른 취향을 파고들 콘텐츠가 있어야 좀 더 많은 사람을 과학의 세계로 초대할 수 있기 때문이다. 과학 콘텐츠의 스펙트럼은 넓을수록 좋다.

나도 이 스펙트럼에 한 가지 색깔을 더하기로 했다. 계기는 우연했다. 2016년의 마지막 날, 나는 무주 산골짜기에서 스키를 타다 넘어졌고, 그 결과 오른쪽 손목 부근 경골이 부러졌다. 완벽한 오른손잡이였던 나는 정말이지 아무 일도 할 수 없었지만 잠시도 가만있지 못하는 성격이라 왼손으로 그림을 그렸다. 그 그림을 SNS에 올리면서 '과학 왼손 그림'이 시작되었고 그걸로 책까지 내게 되었다. 우리의 일상에 과학이라는 물감을 발라 새로운 색으로 바꾸는 재미가 아주 쏠쏠하다. 하지만 어떤 사람들은 과학을 잘 모르면서 그런 장난까지 치면 안 될 것 같다고 뒤로 물러선다. 그럴 필요 없다.

현대 사회는 모든 일상에 과학이 파고들어 있기 때문에, 우리는 알게 모르게 이미 과학 지식을 갖추었다. 다만 먼저 나온 것을 이해하고 이용할 틈도 없이 새로운 지식이 너무 빨리, 많이 나오기 때문에 겁을 먹고 뒤로 물러서는 것이다. 우리는 이미 많은 것을 알고 있다. 그러니 지식을 가지고 재미나게 놀아 보자.

'이지유의 이지 사이언스' 시리즈를 시작하면서 내가 품은 목표는 독자들이 과학을 좀 우습게 보도록 만드는 것이었다. 청소년이나 성인들에게 '과학 지식과 과학 방법은 넘어야 할 산이 아니라 그냥 가지고 놀 수 있는 대상'이라는 점을 전하고자 했다. 나는 이런 목적을 구현하는 데, 못 그린 왼손 그림이 여전히 유효하다고 생각한다. 그래서 스키를 타다가 부러진 오른팔 뼈가 제대로 붙고 이제는 운동도 거뜬히 할 수 있지만, 왼손 그림을 계속 그리기로 마음먹었다. 왼손으로 너무 잘 그려지면 한두 달 쉬고 다시 그린다. 그러면 못 그리는 그림으로 돌아온다.

일상에 과학 물감을 칠해 우리 삶의 인테리어로 삼다 보면, 어느 순간 과학과 자연의 작동 방식이 가슴을 울린다. 그리고 삶을 새로운 방식으로 보게 된다. 과학 공부의 진정한 목적은 이것 아닌가! 지구, 우주, 동물, 옛이야기 편에 이어 이번에는 간식과 생일에 담긴 과학을 가지고 신나게 놀아 보자.

2021년 10월
이지유

　행정안전부가 고시한 자료에 따르면, 2021년 7월 기준 우리나라 총 인구는 5,200만 명에 이른다. 1년은 365일이니 단순히 계산하면 생일이 같은 사람은 14만 명이 조금 넘는 셈이다. 세계로 눈을 돌려 보면 생일이 같은 사람은 무려 2,100만 명에 이른다. 그러니 생일로 오늘의 운세를 점치고, 생일로 성격을 규정하는 행동은 그리 과학적이지 않다.

　태어난 달로 타고난 운명과 미래에 다가올 일을 예상하는 것은 더더욱 어리석다. 1년은 겨우 12달! 모든 사람의 운명 패턴을 12가지로 구분하는 것은 납득하기 힘들다. 생일로 운명을 점치는 사람들도 이런 생각을 했는지 해와 시를 구분해 풀이하고, 다양한 선택지를 카드로 만들어 흥미를 더하기도 한다. 보석을 파는 상인들은 타고난 운명을 강화하거나 불운을 상쇄할 보석을 탄생석으로 팔아 이윤을 챙긴다. 태어난 날 운명이 정해진다는 사실을 믿는 사람의 심리를 이용하는 것이다.

　하지만 생일이나 태어난 달이 사람의 운명을 결정하진 않는다. 운명이란 한 가지로 정해져 있지 않다. 현재 적절한 선택과 결정을 하면 미래의 결과는 바뀐다. 그러니 과학의 눈으로 별자리, 띠, 절기 등을 파헤쳐 보고, 과거, 현재, 미래의 나를 규정하고 운명 지을 조건은 생일이 아니라 나 자신이라는 생각을 해 보자. 두 주먹 불끈 쥐고!

3장 탄생석

4장 24절기와 생명의 탄생

5장 **생일 음식**

6장 생일 선물

1장

십이지

중국 상나라 때 하루의 시간과 방위를 12구간으로 나누어 부르는 개념이 있었다. 훨씬 후에 **각 구간에 해당하는 음과 비슷한 발음이 나는 동물을 대입해 부르게 되었는데, 그것이 오늘날 우리에게 알려진 열두 동물이다.** '자축인묘진사오미신유술해'라며 읊는 것을 아마 들어본 적이 있을 것이다. 전해 내려오는 이야기로는 누군가 열두 동물에게 달리기를 시켜 결승선에 도착하는 순서로 십이지의 순서를 매겼다고 한다. 몸집이 작은 쥐는 소의 등에 타고 있다가 결승점에 도달하는 순간 소 앞으로 뛰어 내려 첫 번째 동물이 되었다는 것이다.

그러나 이는 그저 이야기일 뿐이다. 문화권마다 열두 동물의 종류가 달라 고양이, 코끼리, 낙타, 염소 등이 포함되어 있기도 하다. 그러니 자신이 태어난 해의 띠 동물에서 연상되는 성격을 자신의 고유한 성격이라 여기면 곤란하다. '소띠라서 고집이 세다.' 등의 말은 전혀 과학적이지 않다. 우리나라에서는 토끼띠인 사람이 태국에 가면 고양이띠가 될 텐데, 두 동물의 성격은 극과 극이니 말이다.

1. 쥐

영리한 쥐

子(자)

이유 있는 1등

쥐가 없는 지구는 생각할 수 없다. 3,600만 년 전, 신생대 2기 에오세에 나타난 쥐목은, 지구상에 있는 포유류 개체 수의 3분의 1을 차지할 만큼 수가 많다. 임신 기간이 3주 정도로 짧고, 한 번에 10여 마리씩 낳으며, 태어난 지 3개월이면 성체가 될 정도로 빠르게 자라기 때문이다. 신체 능력 또한 뛰어나 수직 벽을 기어오를 수 있고, 수십 센티미터의 담은 쉽게 뛰어 넘으며, 물에 빠져도 사흘이나 버티고, 15미터 높이에서 떨어져도 죽지 않는다. 심지어 원자 폭탄이 터져 풀 한 포기 남아 있지 않은 섬에서도 살아남는다. 쥐는 지능도 높아서 쥐약을 먹고 죽은 동류의 사체를 관찰한 뒤 똑같은 먹이를 먹지 않고, 덫이 있는 곳도 피해 가며, 반복 학습을 통해 앞일을 예상하는 상위 인지 능력도 갖추고 있다. 과연 열두 동물 중 1등을 할 만하다.

이렇게 완벽한 동물이지만 쥐는 근시, 약시에 색맹이라, 벽을 따라 움직이는 것을 선호한다.

인간은 이런 쥐를 데려다 신약과 화장품의 개발, 유전 공학의 발전을 위해 실험용으로 쓴다. 만약 지구상의 쥐가 오늘 다 사라진다면 인간의 의학, 생물학 연구는 불가능하다.

2. 소

비켜라, 들이받는다.

丑(축)

번개가 쳐도 불이 나지 않고

소가 없는 지구 또한 생각할 수 없다. 인간은, 소가 살아 있을 때는 농사일을 시키고, 죽은 뒤에는 고기와 가죽을 알뜰하게 거두어 사용한다. 발굽의 수가 짝수인 동물을 우제목이라 하는데, 소, 양, 사슴, 낙타, 기린과 바다의 고래가 여기에 속한다.

이들은 위를 여러 개 가지고 있어서 되새김질이라는 걸 한다. 풀을 뜯으면 첫 번째 위인 혹위에서 셀룰로오스를 분해하고, 다음 위인 벌집위에서는 씹은 풀을 둥글게 뭉치며 벌집위의 울퉁불퉁 빨래판처럼 생긴 위벽으로 씹은 풀을 치댄다. 이렇게 치댄 풀 덩어리를 다시 게워서 되새김질을 한 다음 또다시 혹위, 벌집위를 거쳐, 겹주름위, 주름위를 지나 장으로 내려보낸다.

지구상에 있는 우제목 동물이 풀을 뜯으면 풀이 짧아지고, 초원에 번개가 쳐도 불이 나지 않는다. 그리고 그 덕에 싹이 타지 않고 살아남아 꽃과 나무가 자라고 덩달아 다른 동물들이 모여든다. 그래서 소는 야생에서 사는 것이 바람직하다.

3. 호랑이

도전하는 호랑이

寅(인)

아무리 포효한다 해도

호랑이는 시베리아에서부터 동남아시아 열대 우림까지 아시아 전역에 퍼져 살던 고양잇과 동물로, 모두 8종이 있었지만 4종은 멸종하고 나머지만 근근이 명맥을 유지하고 있다. 종마다 조금씩 다르긴 해도 다 자라면 300킬로그램이 넘는 거구에, 전력 질주하면 시속 65킬로미터까지 달릴 수 있고, 강력한 뒷다리로 한 번에 10미터를 뛴다. 게다가 곰이 좋아하는 먹이의 소리를 흉내 내 곰을 잡아먹는 등 지능이 높은 동물이다. 기다란 송곳니에는 압력을 감지하는 신경이 있어 새끼를 옮길 때나 사냥감의 목숨을 끊을 때 실수하지 않는다.

혀 근육 밑에 U자 모양의 설골이 말랑말랑해 기도를 넓게 확장할 수 있어서 낮고 큰 소리로 포효할 수 있다. 커다란 고양잇과 동물은 물론이고 코끼리, 붉은사슴, 고릴라, 곰, 바다표범 등 덩치가 큰 동물은 낮고 멀리 퍼지는 포효를 통해 영역을 표시하고 의사소통을 한다. 다만 새끼들은 포효할 수 있는 신체 구조, 이를테면 탄성 있는 설골, 넓고 긴 기도, 큰 폐활량 등을 아직 갖추지 못해 귀엽고 작은 소리를 낸다.

호랑이가 아무리 포효하며 영역을 지키려 해도 인간을 막기에는 역부족이다. 최근 동남아시아 열대 우림을 베어 내고 팜유의 원료인 팜야자를 심는 바람에 서식지가 줄어들어 그곳의 호랑이도 멸종 위기에 놓였다.

4. 토끼

경계심을 잃지 않는
토끼

卯(묘)

옛이야기의 단골손님

토끼는 인기가 많다. 고양이, 개와 함께 키우고 싶은 반려동물로 다섯 손가락 안에 든다. 하지만 의외로 길들이기 힘들고, 영역에 대한 집착이 심해 사납기도 하다. 게다가 자신의 똥을 먹는 충격적인 행동도 한다. 하지만 토끼가 누는 똥 가운데 부드럽고 축축한 것은 양분과 몸에 좋은 미생물이 들어 있기 때문에 먹는 것이 건강에 이롭다. 이것 말고 단단한 똥은 영양분이 없는 진짜 똥이다.

인간은 토끼에 대해 다음과 같이 생각한다. "달에도 살고, 바다 용왕의 병을 고칠 수 있는 간도 있고, 카드 여왕과 함께 이상한 나라에도 사는 존재." 토끼가 이렇게 옛이야기에 자주 등장하는 것은 인간이 토끼를 많이 보았기 때문이다. 뭐, 당연한 이야기지만, 토끼는 거의 모든 대륙에 살고 있으며 새끼를 엄청나게 많이, 자주 낳는다. 또한 땅에 굴을 파 거대한 지하 도시를 만들어 자신을 지키므로 지상에 천재지변이 일어나도 살아남을 확률이 매우 큰 동물이다. 왜 안 그렇겠는가. 공기가 없는 곳에서도 살고, 바닷속에서도 살고, 환상의 나라에서도 사는데, 천재지변쯤이야!

5. 용

즐거워하는 용

辰(진)

여러 동물을 하이브리드하면

평안남도 강서군에 있는 강서 대묘의 벽화에는 청룡, 주작, 현무, 백호가 그려져 있다. 천문학자들의 말에 따르면 이 벽화는 별자리를 그린 것인데, 색감과 구도 등이 너무나 훌륭하고 멋지다.

용은 생물학적인 관점으로 보아도 무척 흥미로운 동물이다. 용이 실재하는 동물이 아니라는 건 다들 알고 있을 것이다. 용은 당시 아시아에 살고 있던 동물들의 강하고 멋진 부분만 모아서 만든 하이브리드 생물이다. 머리는 낙타와 비슷하고, 뿔은 사슴, 눈은 토끼, 귀는 소, 목덜미는 뱀, 배는 큰 조개, 비늘은 잉어, 발톱은 매, 주먹은 호랑이와 비슷하다고 한다. 81개의 비늘이 있고, 입 주위에는 긴 수염이, 턱 밑에는 명주가, 목 아래에는 거꾸로 박힌 비늘이, 머리 위에는 공작 꼬리를 닮은 보물인 박산도 달려 있다. 구리로 만든 쟁반을 울리는 소리를 낸다. 알을 낳는다고 하는데 보는 방향에 따라 색이 변한다고 하니 진주질로 싸여 있는 것이 분명하다.

이와 같은 상상의 동물은 서양에도 있다. 모습도 비슷하다. 하지만 동양의 용은 자연의 일부이고 신통력을 발휘하는 신과 같은 존재이나, 서양의 용은 마법을 쓰는 악당이나 권력자의 하수인으로 표현되는 경우가 많다. 이렇게 말하면 동양에선 용을 우대하고 서양에선 용을 홀대한 것처럼 들리겠지만, 동서양에서 모두 용을 못살게 굴었을 확률이 크다. 아니면 그 많던 용은 다 어디로 갔단 말인가?

6. 뱀

기대에 가득 찬 뱀

巳(사)

미니멀리즘의 끝판왕

뱀은, 동물이 미니멀리즘을 추구하면 어떤 형태로 진화하는지 알려주는 아주 좋은 본보기다. 뱀의 해부도를 보면 긴 척추에 가늘고 많은 갈비뼈가 붙어 있고 몸 끝에 꼬리뼈가 붙어 있다. 앞다리는 퇴화했고 뒷다리는 흔적만 남아 있다. 사냥을 하는 육식 동물이지만 고기를 씹을 수는 없고 턱관절을 늘여 통째로 삼킨다. 귓바퀴가 밖으로 드러나지 않아 땅을 파고 들어갈 때 걸리지 않고, 투명한 눈꺼풀이 있어 눈을 깜빡일 필요가 없다. 위가 엄청 길고 크고 신축성이 있어서 자기 몸집의 몇 배에 해당하는 먹이도 한 번에 삼킨 뒤 소화될 때까지 움직이지 않고 기다려 신진대사를 최소화한다.

뼈가 워낙 가늘어 화석으로 잘 남지 않아 표본이 그리 많지 않지만, 백악기에 발견된 뱀의 조상 이후로 지금까지 잘 살아온 걸 보면 뱀의 미니멀 전략은 매우 훌륭한 것이 틀림없다. 이런 훌륭한 생물을 두고 일부 종교에선 사악하다느니 교활하다느니 중상모략을 일삼고 악당에 비유기도 하는데, 바람직하지 않은 태도다. 뱀에게 예의를 갖출 줄 아는 훌륭한 인간이 되어 보자.

7. 말

사라지기 직전의 말

누(오)

언제든지 달릴 준비

말은 발굽이 홀수인 기제목 동물이다. 여기에 속하는 당나귀, 얼룩말, 맥 등은 모두 발굽이 홀수다. 겉보기에는 말과 많이 달라도 코뿔소역시 기제목에 속한 동물로 발굽이 3개이고 가운데 발굽이 매우 커서몸을 지탱한다. 이들 모두 초식 동물이고 우제목과 함께 생태계에 매우 중요한 역할을 한다.

말은 발굽이 하나인데 바닥에 V자 홈이 있어 땅을 찰 때 발굽 앞부분에 힘이 쏠려 빠르게 달릴 수 있다. 가만히 있을 때도 심장은 1분에 100회 이상 뛰고 체온도 38도로 높아서 언제든 근육에 피를 보낼 준비가 되어 있다. 달리는 데 최적화되어 있는 동물이라는 뜻이다.

야생에서는 암컷과 새끼들이 무리를 이루어 다니고 대장 역시 암말이다. 수컷은 대부분 혼자 다니는데, 이는 코끼리와도 비슷하다. 인간들 사이에서 말띠 해에 태어난 여자는 성격이 드세다는 이야기가 있는데, 말의 습성을 보자면 오히려 말띠 해에 태어난 여자아이는 지도자가 될 상이다.

8. 양

생각하는 양

未(미)

절대 순하지 않다

양띠 아이들이 온순하다는 것도 다 거짓말이다. 한 해에 태어난 아이들이 모두 순하다니 상식적으로 말이 안 된다. 게다가 양은 전혀 온순하지 않다. 무리 지어 다니기를 좋아하고, 높은 곳에 오르길 좋아하며, 다른 양을 들이받는 것도 좋아한다. 고집이 세서 마음에 들지 않으면 주인이 이끄는 대로 가지 않는다. 그러니 양같이 온순한 사람이라고 말하는 것은 양의 외모만을 보고 만들어 낸 현실성이 떨어지는 표현인 것이다.

털이 없어 겨울나기가 힘든 인간들에게 양털은 없어서는 안 될 중요한 자원이었다. 그래서 인간들은 6,000~7,000년 전부터 양을 키워 털을 얻곤 했는데, 더 따뜻하고, 부드럽고, 가는 털을 얻기 위해 품종 개량을 해서 이제는 1,000여 종에 이르는 양이 지구에 살고 있다. 털을 얻으려고 기르는 종은 야생종이 아니라 모두 사육하는 양이다. 양모로 만든 옷이나 침구를 쓸 때 이런 점은 알고 있는 것이 좋겠다. 다시 말하지만, 양은 절대 순하지 않다.

9. 원숭이

기다리는 원숭이

申(신)

협상의 달인

◇◇◇◇◇◇◇◇◇◇◇◇◇

　원숭이는 포유강, 영장목, 원숭이하목에 속하는 동물 중 사람을 제외한 나머지 동물을 아우르는 이름이다. 이들이 다른 동물에 비해 지능이 높다는 것은 널리 알려진 사실인데, 원래의 서식지를 잃고 사람이 사는 곳에 더 가까이 진출하면서 훨씬 놀라운 일들이 벌어지고 있다. 인도네시아 발리 울루와투 사원에서 관광객과 친하게 지내는 원숭이들은, 지난 30년 간 아주 놀라운 행동을 익혔다. 휴대 전화나 지갑처럼 인간에게 꼭 필요한 물건을 귀신같이 빼앗은 뒤 음식과 바꾸자고 제안하는 것이다. 여기서 핵심은 이러한 행동이 후대로 전승된다는 것이다.

　동물행동학자들은 원숭이의 놀라운 물물 교환 능력에 대해 관찰은 했지만 그런 정보가 어떻게 다음 세대에 전달되는지 아직 알아내지 못했다. 이들에겐 문자도, 책도, 미디어도 없지만 생존에 필요한 정보를 고스란히 다음 세대에 전한다. 우리는 상상하지 못할 기상천외한 방법을 쓸지도 모른다. 그러니 인간이 할 수 있는 일이라곤 숨죽이고 계속 관찰뿐?

10. 닭

미래를 품은 닭

酉(유)

알이 먼저다

◇◇◇◇◇◇◇◇◇◇◇◇◇◇

닭은, 가까이서 본 사람은 알겠지만, 계속 쫀다. 그런데 이것은 단순한 행동이 아니고 닭의 세계에서 서열을 정하는 방법이다. '쪼는 순위'라는 전문 용어도 있다. 닭을 한 우리에 두면 서로 쪼는 것을 겨뤄 서열을 정한다. 쪼이지 않으려면 최고로 힘이 센 닭이 되는 수밖에 없다. 흔히 '닭대가리'라고 표현하며 인간들은 닭의 지능을 얕잡아 보는데 닭의 지능은 생각보다 좋아서 한 번 순위를 정하면 여러 날 다른 우리에 두었다 데려와도 순위를 기억한다. 다만 100마리를 넘으면 기억할 수 없다고! 아무튼 닭장을 잘 관찰하면 서열 1위와 꼴찌는 쉽게 판별할 수 있다. 꼴찌는 몰골이 말이 아닌 경우가 많다.

닭이 먼저일까, 알이 먼저일까? 과학자들에게 물으면 당연히 알이 먼저라고 답한다. 유전자가 반밖에 없는 생식 세포 2개가 수정되어 수정란을 만들어야 발생이고 뭐고 그다음이 있기 때문이다. 만약 돌연변이가 생겨도 그것은 유전자 차원에서 벌어지는 일이므로, 돌연변이 유전자를 지닌 알이 먼저고 그 다음에 돌연변이 닭이 나오는 거다. 그러니 이 문제의 답은 과학적으로 매우 확실하다.

11. 개

친구를 찾는 개

戌(술)

앞이 깜깜할 때 함께할 친구

개는 인간의 가장 오래된 친구다. 2만 3,000년 전 시베리아에 살던 사냥꾼들이 회색늑대를 가축화해서 데리고 다녔다는 연구가 있을 정도다.

눈이 많은 시베리아에서 사냥을 하려면 개의 시력에 의지해야만 한다. 눈에는 색을 감지하는 원뿔세포와 음영을 감지하는 막대세포가 있다. 개는 두 종류의 원뿔세포가 있어서 파란색과 보라색 계열을 구분할 수 있지만 붉은색은 구분할 수 없다. 그들은 붉은색 색맹이다. 하지만 음영을 구분하는 막대세포가 많고 빠른 움직임을 간파하는 능력이 인간보다 뛰어나다. 눈이 많은 시베리아 지역에서는 색의 구분보다 명암의 구분이 더욱 유용하다. 또한 사냥할 때는 순간적인 움직임을 감지할 수 있어야 하는데, 인간은 1초에 벌어지는 일을 60개의 장면으로 끊어서 보지만 개는 75개로 끊어서 본다.

인간이 빙하기에 알류샨 열도를 걸어서 북아메리카 대륙으로 퍼질 수 있었던 것도 개의 도움이 없었다면 불가능했을지도 모른다. 참, 개도 나이가 들면 시력이 떨어진다. 하지만 그들에겐 뛰어난 후각과 청각이 있어서 인간이 생각하는 것만큼 불편하지 않다. 개에겐 별문제가 없다.

12. 돼지

모험을 떠나는 돼지

亥(해)

사람보다 빠르다

달리기에 꼴찌를 해서 십이지의 마지막 동물이 되었다는 돼지는, 사실 그렇게 느리지 않다. 보통 돼지를 그냥 뛰게 두면 시속 16킬로미터로 뛰고, 누군가에게 쫓기거나 쫓아야 할 때는 이보다 빨리 뛴다. 당연히 사람보다 빠르다. 돼지는 지능도 좋아 세 살 된 어린아이와 맞먹는 기억력을 가지고 있다. 어미 돼지는 아기 돼지를 돌볼 때 20여 가지의 소리를 내서 유대감을 쌓는데, 이는 마치 노래를 불러 주는 것과 같다. 당연히 사회성이 매우 강한 동물로 구성원 사이의 정이 남다른 것으로 알려져 있다.

돼지에겐 땀샘이 거의 없어서 체온을 식히기 위해 주기적으로 물속에 들어가거나 코끼리처럼 진흙 목욕을 한다. 이를 모르는 인간들이 '돼지처럼 지저분한 인간'이라는 표현을 쓰곤 하는데, 완전히 틀린 표현이다. 오로지 고기를 얻으려는 목적으로 돼지의 이빨과 꼬리를 자른 뒤 평생 작은 축사에 가두어 기르는 것은, 지구에 함께 사는 동료로서 참 못할 짓이다. 인간은 겨울잠을 자는 동물이 아니라서 동물성 지방을 지나치게 섭취할 필요가 없다. 그러니 돼지를 괴롭히지 말자.

2장

별자리

생일로 운명을 점치는 방법 중에 가장 널리 알려진 것이 별자리다. 태양이 1년 동안 지나가는 길인 황도에 있는 12개의 별자리를 황도 12궁이라 하는데 자신의 생일 즈음 태양이 위치하는 별자리로 자신의 운명을 알 수 있다고 한다.

하지만 우리은하는 2억 2,500만 년에 한 번 자전하므로 인류가 지구상에 나타난 이래 태양과 지구는 우리은하 안에서 한 번도 같은 자리에 있었던 적이 없다. 그러니 별자리로 운명을 점치는 일 따위는 그다지 믿을 만하지 못하다. 게다가 태양은 1년에 12개가 아닌 13개의 별자리를 지나간다. 놀랍게도 실제로 태양이 지나가는 날짜마저 널리 알려진 것과 다르다. 평생 내 것이라고 여겼던 탄생 별자리가 알고 보니 아닌 사람도 있다. 여기서는 실제로 태양이 각 별자리를 지나가는 날짜를 기준으로 삼았다.

별자리와 나의 운명이 과학적으로 아무런 연관이 없음에도 사람들이 점성술을 믿는 이유를 확실히 알 수는 없으나, 적도 좌표계와 황도 좌표계를 아는 것만으로도 별자리로 운명을 점치는 것이 얼마나 어이없는 일인지 알 수 있다. 이제 태양과 지구의 운동과 좌표계에 대해 무지했던 자신을 반성해 보자. 그리고 내 운명을 별자리 따위에 맡기지 말고 스스로 굳건히 서는 것이 어떨까.

1. 물고기자리

물고기자리

3.12.~4.18.

하늘을 나누는 시작점

물고기자리는 눈에 띄는 밝은 별이 없어서 알아보기 힘들다. 이런 보잘것없는 별자리가 황도 12궁 중에서 첫 번째로 등장하는 이유는 이곳에 춘분점, 곧 황도와 황위의 시작점이 있기 때문이다.

지구에는 경도와 위도가 있다. 경도의 기준은 북극, 영국의 그리니치 천문대, 남극을 지나는 선으로, 이를 중심으로 동경 180도, 서경 180도로 나눈다. 위도의 기준은 적도인데 이를 중심으로 북쪽으로 90도, 남쪽으로 90도로 나눈다. 북위 90도와 남위 90도는 각각 한 점으로 모이는데, 이곳이 북극점과 남극점이다.

별자리 지도인 성도에도 적경과 적위가 있는데, 지구의 경도와 위도를 천구까지 확장시킨 것으로, 이를 적도 좌표계라고 부른다. 그러니 적도 좌표계는 경도 위도 개념이 나온 후 생긴 것이다. 그렇다면 그 전에는 어떤 좌표계를 썼을까? 태양이 1년 동안 지나가는 길을 황도라고 하고 이를 기준으로 하는 황도 좌표계를 사용했다. 황위는 당연히 황도를 0도로 삼고, 황경은 밤과 낮의 길이가 같은 춘분날 태양이 있는 곳을 기준점으로 삼았다. 그곳이 바로 춘분점이고, 지금은 물고기자리에 있다. 적도 좌표계의 적경도 춘분점을 0도로 삼는다.

물고기자리에 태어난 사람들은 별자리가 화려하지 않다고 속상해하지 말자. 하늘을 나누는 시작점이 물고기자리에 있듯이, 무엇이든 조용히 시작하는 속성을 지닌 사람들이니까. 물론 믿거나 말거나.

2. 양자리

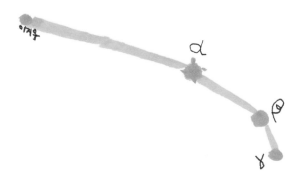

어딜 봐서
양이라는 건지...
양자리.

4.19.~5.13.

눈에 띄지는 않지만

양자리 역시 눈에 띄는 밝은 별이 없을 뿐 아니라, 저 별들이 어떻게 양의 형상을 이루는지 도무지 이해할 수 없는 별자리다. 하지만 태양이 이 별자리 앞을 지나가니, 지구인들로서는 주목하지 않을 수 없다.

지구는 1년에 한 바퀴씩 태양을 공전한다. 하지만 지구의 입장에서 보면 태양이 움직이는 것처럼 보이는데, 날마다 별자리를 배경으로 태양이 있는 위치를 찍으면 이것이 바로 황도다. 그러니 황도는 태양이 움직여 만든 궤적이 아니고, 지구가 공전한 결과 태양이 움직이는 것처럼 보이는 것이다. 이른 아침 해 뜨기 전이나, 저녁에 해 진 직후에 태양이 등지고 있는 별자리를 볼 수 있다. 이를 날마다 표시하면 태양은 하루에 1도씩 동쪽으로 옮겨 가는 것을 볼 수 있다.

양자리는 화려한 별자리는 아니지만 태양계의 가장 중요한 천체인 태양이 꼭 방문하는 별자리다. 이때 태어난 사람 중 아무도 나에게 관심이 없는 것 같아 기운이 빠지는 이가 있다면, 조용히 앉아 곰곰이 생각해 보자. 분명 누군가 나를 챙기고 있음을 알 수 있을 것이다. 이 세상에서 가장 중요한 태양과 같은 존재가.

3. 황소자리

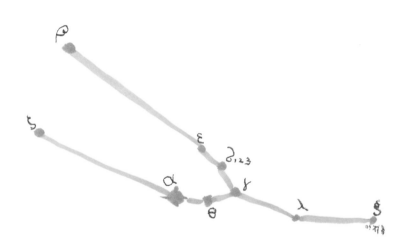

황소자리가 아니라
소리굽쇠 자리?

5.14.~6.19.

맥동 변광성이 있다고 변덕스러운 건 아니다

달이 천구상에 지나가는 길을 백도라고 한다. 복숭아 품종이 아니다. 공교롭게도 백도는 황도와 아주 살짝 차이가 날 뿐이다. 달의 공전면과 지구의 공전면이 거의 같은 평면에 있기 때문이다. 하지만 확연히 다른 점이 있는데 태양은 날마다 아주 조금씩 자리를 옮기지만, 달의 위치는 날마다 크게 달라진다는 것이다. 지구는 태양을 1년에 한 번씩 공전하지만, 달은 지구를 한 달에 한 번씩 공전하기 때문이다. 그래서 해는 날마다 몇 분씩 일찍 뜨거나 늦게 뜨지만, 달은 날마다 50분씩 늦게 뜬다. 한낮에 멀쩡히 뜬 태양을 달이 가려서 일식이 일어나는 이유다. 황도와 백도가 거의 겹치는 데다 태양과 달이 하늘을 달리는 속도가 각각 달라서 언젠가는 만날 수밖에 없다.

5월 중순이 되면 태양은 황소자리로 들어선다. 물고기자리와 양자리에는 눈에 띄는 밝은 별이 없지만 황소자리에는 0.5등성으로 매우 밝은 알데바란이 있다. 알데바란은 생을 마쳐 가는 붉고 늙은 별로, 표면 온도는 태양보다 낮은 3,900도이나 지름은 무려 44배나 크기 때문에 엄청나게 밝다. 게다가 내부가 불안정해 별이 커졌다 작아지기를 반복하는 바람에 지구에서 볼 때 주기적으로 밝기가 변한다. 이런 별을 맥동 변광성이라고 한다. 하지만 황소자리에 맥동 변광성이 있다고 생일 별자리가 황소자리인 사람이 모두 변덕스러운 것은 아니다.

5. 쌍둥이자리

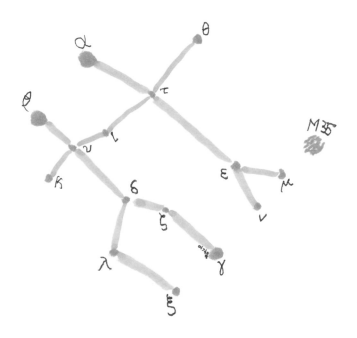

누가 봐도 쌍둥이 일세.

6.20.~7.20.

달라도 너무 다른 쌍둥이

쌍둥이자리는 알파별 카스토르와 베타별 폴룩스가 매우 밝아 금방 찾을 수 있다. 겨울에 높이 떠서 밤하늘을 장식하는 매우 크고 밝은 별자리다. 쌍둥이자리는 북반구 겨울철의 대표적인 별자리인데 왜 여름 하지에 태양 근처에서 목격되는지 묻는 사람이 있을까 봐 설명을 보태자면, 어느 계절에 지구에서 보이는 별자리는 태양 반대편에 있다는 점을 다시 떠올리기 바란다.

태양의 위치는 우리가 익히 알고 있는 계절의 별자리와 반대다. 아, 벌써 두통을 느끼는 사람이 보인다. 역시 아무리 열심히 지동설에 대해 공부해도, 우리에게는 지구 중심적 사고가 익숙하다. 여전히 지구 중심적 용어들이 일상생활에 많이 쓰이는 것도 사실이다. 넓은 평원에 서서 내 머리 위로 펼쳐진 우주를 천구라 하고, 천구와 내 정수리의 연속점이 만난 곳이 천정이고, 천구가 땅과 만나는 선이 지평선이다. 물론 망망대해에 있다면 수평선이다. 모든 일이 이 안에서 끝난다면 과학 시간이 즐거울 텐데, 세상일이 마음대로 되질 않는다.

쌍둥이자리의 알파별 카스토르는 쌍둥이 별 세 개가 서로 돌고 있는 6중성이고, 베타별인 폴룩스는 수소를 다 태우고 늙어 가는 적색거성이다. 쌍둥이지만 성격이 아주 다른 쌍둥이인 것처럼 이 별자리에 태어난 사람들은 남은 모르는 성격을 지녔을 수도 있다. 하지만 안 그런 사람이 어디 있나?

5. 게자리

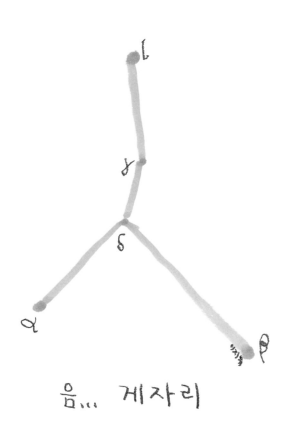

음... 게자리

7.21.~8.9.

존재감이 없어도

북반구가 뜨거운 여름을 견디고 있을 때, 태양은 게자리를 유유히 지나가고 있다. 전문가가 가르쳐 주지 않으면 제대로 알아볼 수 없는 어두운 별자리를 날마다 조금씩 옮겨 가고 있는 것이다. 이쯤 되면 태양은 일부러 크고 화려한 별자리를 피해 다니는 건 아닌지 의구심이 든다. 하지만 태양은 어떤 목적을 가지고 움직이지 않는다. 우연히 어두운 별들을 등지고 있을 뿐이다.

황도를 따라 보이는 별자리 가운데 어두운 별자리가 많은 이유는 지구의 공전 궤도가 우리은하의 공전 궤도에 대해 90도 가까이 기울어져 있기 때문이다. 별이 많이 모인 은하면과 지구의 공전 궤도가 일치한다면, 태양은 은하수의 찬란한 별들을 등지고 있는 것으로 보일 것이다. 하지만 지구의 공전 궤도가 크게 기울어져 있기 때문에 6개월은 우리은하 원반의 위쪽을 돌고 나머지 6개월은 원반의 아래쪽을 향한다. 은하면을 벗어난 곳에는 별의 수가 적고 밝은 별도 많지 않다. 크고 무겁고 밝은 별은 대부분 은하면의 나선팔에 있기 때문이다. 이런 이유로 태양이 지나는 황도에는 어두운 별자리가 많다.

만약 게자리에 태어난 사람이 복잡한 시장이나 축제 장소를 싫어할 것 같다면 곰곰이 생각해 보라. 다른 별자리에 태어난 사람들 가운데는 한적한 곳을 좋아하는 사람이 없을까?

6. 사자자리

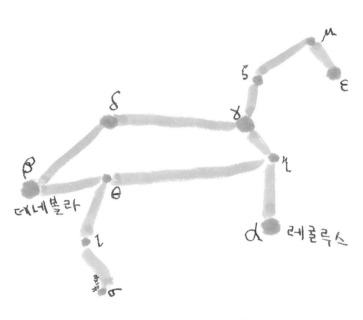

μ
ζ
ε
δ
γ
β
η
데네볼라
θ
α 레굴루스
ι
σ

사자 같이 보이긴 하네.

8.10.~9.15.

데네볼라를 찾으려면

<svg>◇◇◇◇◇◇◇◇◇◇◇◇◇◇◇◇◇◇◇◇◇◇◇◇</svg>

사자자리는 밝은 별이 2개나 있고 별자리를 이루는 별들이 밝은 편이어서 눈에 잘 띈다. 게다가 물음표를 좌우 반전한 머리 부분이 눈에 잘 들어오기 때문에 사자 한 마리가 앉아 있는 모습을 쉽게 상상할 수 있는 매우 크고 아름다운 별자리다.

하지만 이런 별자리들을 보면서 이 별 저 별 가리키며 알려 주다 보면 난감한 경우가 있다.

"저기 저 별 보이지? 그 옆으로 조금만 가 봐. 또 하나 보이지?"

이것 참, 무슨 별을 보라는 건지, 어느 쪽으로 얼마나 가라는 건지 도무지 알 수 없어서 말싸움 나기 일쑤다. 이런 상황을 말끔하게 해결할 방법이 있다. 각거리 개념을 익히는 것이다. 지상에서는 미터법을 쓰면 두 지역 사이의 거리를 얼추 짐작할 수 있다. 하지만 하늘은 이야기가 다르다. 자를 내 눈에 가까이 또는 멀리 두면 두 별 사이의 거리가 다르게 측정된다. 그래서 과학자들은 내 눈을 중심으로 두 점이 만들어 내는 각을 거리의 단위로 쓴다. 주먹을 쥐고 손을 쭉 뻗으면 주먹의 폭은 대략 10도, 손가락을 쫙 펴면 새끼손가락 끝에서 엄지손가락까지 대략 20도다. 자, 이제 문명인답게 별을 찾아보자.

"사자자리의 알파별 레굴루스 찾았지? 북동쪽으로 20도 정도 떨어진 밝은 별을 찾아봐. 그게 베타별인 데네볼라야!"

아주 깔끔하지 않은가!

7. 처녀자리

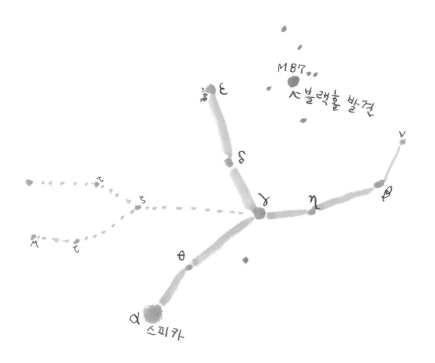

M87
블랙홀 발견

외부 은하가 우글우글
처녀자리

9.16.~10.30.

전갈자리가 아니야

～～～～～～～～～～～～

　낮밤의 길이가 같아지는 추분 무렵 태양은 처녀자리 근처를 지나간다. 태양이 처녀자리에 머무르는 기간은 무려 한 달 반이나 되는데, 이건 이 별자리가 매우 큰 영역을 차지하기 때문이다. 이 별자리에는 외부 은하들이 우글거리는 외부 은하단이 있다. 은하에 대해 잘 모르는 사람이 있을까 봐 설명을 보태자면, 밤하늘에 보이는 별은 우주에 쫙 퍼져 있는 것이 아니라 태양이 속한 우리은하 안에 있는 별들이다. 별은 은하에 집중적으로 모여 있고, 은하와 은하 사이는 거의 비어 있다. 그러니까 은하는 별들의 도시와 같은 것이다.

　처녀자리에 있는 외부 은하들은 우리로부터 너무나 멀리 떨어져 있는데, 놀랍게도 멀리 있는 것일수록 우리로부터 더 빨리 멀어진다. 이는 우주 자체가 팽창하기 때문에 벌어지는 일로 외부 은하와 우리은하는 아무런 일을 하지 않아도 그냥 멀어진다. 외부 은하 중에는 M87이라는 이름이 붙은 거대한 타원 은하가 있는데, 이 은하의 중심에서 태양 질량보다 수십억 배나 큰 블랙홀의 모습을 찍기도 했다.

　이 시기에 태어난 사람 가운데는 자신이 전갈자리라고 알고 있는 경우도 있다. 이는 오래전 점성술사들이 탄생 별자리를 정할 때 실제로 태양이 지나가는 길을 고려한 것이 아니라, 24절기를 기준으로 두 절기를 한 쌍으로 만들어 일괄적으로 12구역으로 나누었기 때문이다. 아무렴 태양이 정확하게 별자리들을 한 달씩 지나갔겠는가?

8. 천칭자리

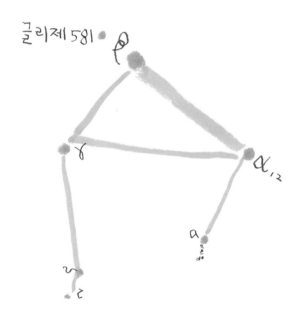

글리제581

α₁₂

여기서 천칭을 떠올리다니
놀라운 상상력이다.

10.31.~11.22.

글리제 581별의 c행성

천칭자리처럼 존재감이 없는 별자리도 드물다. 밝은 별이 없어 눈에 띄지 않을 뿐 아니라, 별 몇 개를 이어 천칭, 그러니까 저울 모양을 만들어야 하니 별자리를 알아보는 데 고도의 창의력을 요구한다. 하지만 외계에도 우리와 같은 생명체가 있다는 사실을 굳게 믿으며 외계 생명체를 찾으려는 사람들에게 이 별자리는 매우 중요하다. 2007년 글리제 581별의 c행성이 생명체가 생기기에 적당한 위치에 있다는 점이 밝혀졌기 때문이다. 물론 대부분의 인간들은 이런 사실에는 관심이 없고, 이 별자리에 어떤 행운이 깃들어 있을지만 궁금해한다.

이에 화가 난 과학자들은 생일에 따른 별자리와 연봉, 수상 실적, 승진 등이 얼마나 밀접하게 관련 있는지를 조사했다. 결과는 어땠을까? 물론 '아무 상관없음'이었다. 체육 경기에서 금메달을 딴 사람들의 생일은 모든 달에 골고루 퍼져 있었고, 각계 지도자들의 생일 역시 모든 달에 퍼져 있었다. 그러니 생일 별자리가 들려주는 오늘의 운세를 읽기보다 '글리제581c'의 존재를 외우는 것이 훨씬 이득이다. 이런 이야기를 하면 분명 여러 사람의 이목을 끌 테니까.

하나 더 보태자면 천칭자리에 태어난 사람들은, 자신들의 성격이 차분하고 매사에 공정하며 이성적일 것이라고 믿는 대신, 새로운 가능성을 찾아 헤매는 진취적인 기상을 지녔다고 여기면 어떨까.

9. 전갈자리

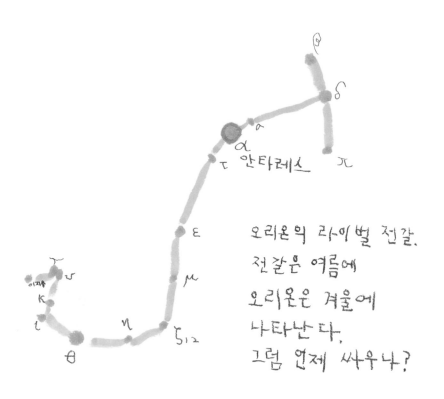

오리온의 라이벌 전갈.
전갈은 여름에
오리온은 겨울에
나타난다.
그럼 언제 싸우나?

11.23.~11.29.

죽음을 앞둔 가장 밝은 별

전갈자리처럼 화려한 별자리는 몇 개 없다. 거대한 S자가 하늘에 떠 있는데 가운데 부분에 붉은 별이 보석처럼 박혀 있다. 게다가 은하수 가운데 걸쳐 있기 때문에 반짝이는 작은 별들을 배경으로 한다. 완벽하다.

전갈의 심장부에 있는 안타레스는 적색 초거성으로 죽음을 눈앞에 둔 늙은 별이다. 이름은 '아레스의 경쟁자', 곧 화성과 맞짱을 뜰 정도로 붉은 별이라는 뜻이다. 2016년 실제로 안타레스와 화성이 가까이에 놓인 적이 있었는데, 옛날에 이런 일이 있었으면 나라에 불길한 일이 생길 거라며 한바탕 난리가 났을 것이다. 그런데 이런 일은 제법 자주 일어난다. 행성들도 황도 근처에서 어슬렁대기 때문이다. 왜 그럴까?

태양계는 거대한 우주 먼지 구름에서 거의 동시에 태어났다. 구름 덩어리가 중력 수축을 할 때는 왠지 몰라도 자전을 하고, 자전하기 시작하면 먼지들은 원반을 이룬다. 그리고 접시 중심 부분에 태양이, 그 둘레에 행성들이 생긴다. 그래서 결론은, 거의 모든 행성의 공전면이 같고, 그 결과 행성들 역시 태양이 다니는 길을 따라다니는 것처럼 보인다. 2020년에는 달, 목성, 토성이 반갑게 만나고 헤어지는 쇼를 연출했는데, 이 역시 황도, 백도와 행성의 궤도가 비슷한 면에 있기 때문이다. 화성과 안타레스의 다음 '맞짱 쇼'는 2031년에 벌어진다고 하니 모두 예매!

10. 뱀주인자리

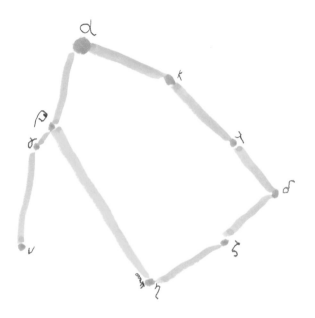

뱀주인 자리는 황도에 걸쳐 있지만
점성술사들이 빼 놓은 바람에
이 별자리를 잘 모른다.
황도의 13번째 별자리.

11.30.~12.17.

13은 불길하니까

◇◇◇◇◇◇◇◇◇◇◇◇◇◇◇◇◇

　사실 뱀주인자리는 점성술에서 정한 황도 12궁에 들지 않는 별자리다. 점성술사들은 춘분, 하지, 추분, 동지를 기준으로 삼고 그 사이를 삼등분해서 황도를 12구역으로 나누고, 각 구역에 포함된 별자리를 황도 12궁이라고 불렀다. 이것은 현대적인 천문학이 발달하기 전부터 내려온 풍습이라 실제로 태양이 지나가는 시간과 맞지 않는다. 옛날 점성술사들이 뱀주인자리를 뺀 것은 이 별자리에 눈에 띄는 별이 없는 이유도 있지만 13이라는 숫자에 불길한 징조가 있다고 믿었기 때문이다. 그래서 태양이 분명 지나가지만 슬쩍 빼 버렸다.

　1604년 요하네스 케플러는 이 별자리에서 초신성을 발견하기도 했다. 그는 초신성이 점점 꺼져 가는 것을 관측해 책을 썼는데, 훗날 철학자들이 별은 변하지 않는다고 주장할 때 그것을 반박하는 자료로 자주 인용되곤 했다.

　이 초신성은 우리나라와 중국에서도 관측되었고 기록으로 남았다. 그리고 잠시 잊혔다가, 현대의 천문학자들이 바로 그 자리에서 거대한 폭발의 잔해를 찾았고 여전히 퍼져 나가는 것을 발견했다. 과학자들은 필름을 거꾸로 돌려 폭발물을 한 점에 몰아넣고 시간을 계산했다. 그랬더니 폭발한 시기는 1604년! 이것이 바로 케플러가 보았던 그 초신성이었다. 케플러의 초신성 잔해는 게를 닮았다고 해서 '게성운'이라는 별명으로도 잘 알려져 있다.

11. 사수자리

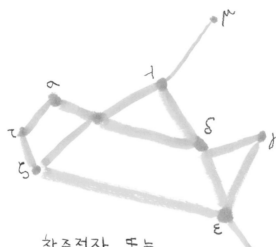

찬주전자 또는
남두육성이라고도 불리는
사수자리의 α별과 β별은
어찌된 일인지 멀찍이
떨어져 별자리를
바라보고 있다.

12.18.~1.18.

별의 탄생과 죽음이 빈번한 곳

사수자리는 찻주전자자리 또는 남두육성으로 잘 알려져 있다. 사실 별을 이어 보면 주전자나 북두칠성과 견줄 수 있는 남두육성이 더 그럴듯하지만, 이야기 짓는 것을 좋아하는 인간들은 그리스 신화를 빌려 와 사수자리를 만들었다. 활을 쏘는 장본인은 반인반마인 켄타우로스로 혹여 전갈이 날뛰어 하늘의 질서를 어지럽히지 않도록 늘 활을 겨누고 있다는 설정이다. 전갈자리 근처에 있으니 그럴듯한 이야기이긴 하다.

사수자리는 천문학자들에게 매우 중요한 별자리다. 사수자리는 우리은하의 중심 방향을 가리키고 있어서 별이 아주 많이 보이는데, 구상 성단과 성운이 많아 별의 탄생과 성장, 죽음을 연구하는 데 큰 도움이 된다. 특히 이 별자리에는 1만 개 이상의 별이 공 모양으로 모여 있는 구상 성단이 많다. 구상 성단은 거대한 가스 구름 하나에서 1만 개의 별이 동시에 태어났기 때문에 아주 흥미로운 현상을 볼 수 있다. 별의 나이는 모두 같은데, 크고 무겁게 태어난 별은 빨리 늙어 죽어 가는 반면 작고 가벼운 별들은 아직도 생생하게 살아 있다는 점이다. 별의 질량이 운명을 결정한다는 사실은 구상 성단을 조사한 덕에 알게 되었다. 그러니 이 자리에 태어난 사람들은 무언가를 조사하고 분류하는 일이 적성에 맞을지도!

12. 염소자리

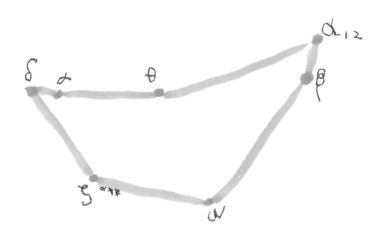

그냥 염소 모양이라고
믿자.

1.19.~2.15.

2만 3,000년만 기다려!

천문학자 중에서도 염소자리를 제대로 본 사람은 거의 없다는 데 500원을 건다! 머리, 몸통, 앞다리는 염소이나 뒷다리와 꼬리는 물고기를 닮은 이 하이브리드 염소는, 밝은 별도 없고 그다지 인기도 없지만 지구인과의 인연은 가장 길다. 기원전 1000년 바빌로니아 사람들은 염소자리를 아주 중요하게 여겨 정성스럽게 기록했다. 왜냐하면 그때는 이곳에 동지점이 있었기 때문이다. 그런데 3,000년이 지난 오늘날, 동지점은 사수자리에 있다. 이는 어찌된 일일까?

지구는 공전면에 대해 23.5도가량 기운 채 자전하고 있다. 팽이를 돌리면 자전축이 천천히 큰 원을 그리며 도는 것처럼 지구의 자전축이 큰 원을 그리며 도는데, 이를 세차 운동이라고 한다. 다만 팽이와 다른 점은 머리를 한 번 돌리는 데 2만 6,000년이 걸린다는 점이다. 자전축이 움직이면 북극점은 물론 춘분점과 동지점이 모두 바뀐다. 3,000년 전 북극점은 북극성이 아니라 용자리에 있는 투반이었고, 1만 4,000년 후에는 직녀성이 북극성이 된다. 물론 동지점도 바뀐다.

잘 보이지 않는 별자리에 태어났다고 슬퍼할 것 없다. 지구의 자전축은 다시 돌아 염소자리에 동지점이 올 것이고 염소자리는 다시 중요해질 것이다. 원래 세상은 돌고 도는 것 아니겠나? 물론 그러려면 2만 3,000년 기다려야 한다는 점이 함정!

13. 물병자리

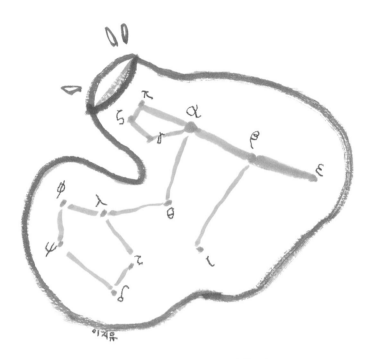

이상하게 생긴
물병이다.

2.16.~3.11.

태양계가 삐딱해서

물병자리 역시 밝은 별 하나 없어 눈에 띄지 않는 별자리다. 하지만 이 별자리는 아주 오래전부터 인간들의 관심을 끌었다. 2세기 천문학 자인 프톨레마이오스가 48개의 별자리를 정할 때도 물병자리를 넣었다. 왜 그랬을까? 태양이 이 별자리에 도착하면 물난리가 났기 때문이다. 별자리 이름을 물병자리라 하고 이 별자리를 물통에서 물이 쏟아져 나오는 모습으로 상상하게 된 이유다. 이를 두고 일각에서는 이 별자리는 불운하니 조심해야 한다고들 하지만 위험에 대비하는 일은 1년 365일 해야 하는 것 아닐까.

밝은 별은 없어도 물병자리는 매우 화려한 것들을 숨기고 있다. 유명한 행성상 성운이자 나선 성운이며, 헬릭스 성운 또는 신의 눈동자라는 별칭이 있는 NGC7293이 물병자리에 있다. 태양만 한 별이 죽을 때 얼마나 아름다운지 알려 주는 천체다. 또 매년 5월 6일에는 물병자리 유성우가 쏟아지기도 한다. 핼리 혜성이 지나간 길에 지구가 들어서면서 혜성의 부스러기들이 지구 대기로 들어와 우주 쇼가 펼쳐지는 것이다. 그러니 물병자리에 태어난 사람들은 불운한 것이 아니라 아름다움과 화려함을 내재하고 있다고 봐야겠다.

3장

탄생석

탄생석을 정한 것은 누구일까? 내 생일이 포함된 달에 해당하는 보석을 갖고 싶게 만든 것은 누구일까? 다이아몬드가 변하지 않는 사랑을 상징한다는 주장은 누구에게서 나온 것일까?

이건 모두 보석을 파는 사람들의 판매 전략이다. **보석의 가치는 꼭 필요해서가 아니라 남이 가질 수 없는 것을 가지려는 인간의 욕구로 결정된다.** 경제학자들은 이런 성향을 '지위적 재화' 이론으로 설명한다. 다이아몬드가 비싼 이유는 희귀하거나 변하지 않아서가 아니라, 남보다 더 크고 비싼 것을 가지려는 사람들의 욕심 때문이라는 것이다. 실제로 지구상에는 65억 캐럿의 다이아몬드가 있어서 모든 지구인이 0.5캐럿 이상 나누어 가질 수 있을 만큼 양이 많다. 그럼에도 불구하고 다이아몬드가 비싼 이유는 남보다 큰 다이아몬드를 가짐으로써 자신의 부와 권력을 과시하고 싶기 때문이고, 한 회사가 생산과 판매를 독점하고 있기 때문이다. 흥이 좀 빠지는 것 같지만 보석에 대해 이 정도는 알고 시작하는 것이 좋겠다.

1. 가넷

가넷
석류석

이자유

쪼갠 석류를 닮은
석류석, 열정의 돌

1월

색깔보다는 분자식

가넷은 결정이 모여 있는 모습이 마치 석류알 같다고 해서 석류석이라고도 한다. 하지만 석류처럼 붉은색만 있는 것은 아니고 노란색, 갈색, 검붉은 색은 물론 아주 드물지만 푸른색을 띤 것도 있다. 가넷은 지각에 가장 풍부하게 있는 규산염(SiO_4) 세 분자를 바탕으로 두 종류의 원자가 더 결합해 다음과 같은 분자식을 갖는 광물이다.

$$X_3Y_2(SiO_4)_3$$

X자리에는 철, 마그네슘, 망간, 칼슘 등이 자리 잡고 Y자리에는 알루미늄, 크롬 등 다양한 원소들이 자리를 잡는데, 이에 따라 색이 달라진다. 그러니까 보석 전문가는 가넷, 루비, 사파이어, 다이아몬드인지를 색으로 판별하는 것이 아니라, 원석이 어떤 광물인지를 따진다. 분자식이 중요하다는 뜻이다. 왜냐하면 분자마다 결합하는 구조가 달라 깎을 수 있는 방향과 각도가 달라지기 때문이다. 구하기 힘든 귀한 초록색 가넷을 가져와서 에메랄드인 줄 알고 자르면 결정 구조와 결이 맞지 않아 깨지고 만다. 그 색이 무엇이든 가넷의 속성에 가장 잘 맞는 커팅을 해야 가장 아름다운 가넷이 탄생한다. 사람도 마찬가지!

2. 자수정

언양
자수정

이지원

평화가 여러분에게...

2월

불순물이 좀 있어야

◇◇◇◇◇◇◇◇◇◇◇◇◇◇◇◇◇

뒷산에 흔하게 차이는 돌은 과학 용어로 암석이라고 한다. 암석을 하나 들고 자세히 보면 검은색, 분홍색, 흰색, 투명색 등, 다양한 색의 아주 작은 돌들의 집합체라는 것을 알 수 있는데, 이런 작은 돌을 광물이라고 한다. 그러니까 광물은 레고 조각 하나이고, 암석은 레고 조각들을 조립해 놓은 것이라 보면 된다. 광물은 4,000여 종이 알려져 있는데, 지금도 새로운 광물이 발견되어 목록에 이름이 올라간다. 이건 새로운 생물종이 나타나면 그때마다 업데이트해야 하는 것과 같다.

다시 산에서 주운 돌을 자세히 보자. 약간 투명한 무색 광물이 보일 것이다. 절대 안 보일 수 없다. 왜냐하면 지각에 가장 많으니까! 이 무색투명한 광물의 이름은 석영! 오로지 규산염으로만 이루어진 순수의 결정체로, 진짜 아무것도 섞이지 않은 석영은 무색투명하다. 그런데 여기에 아주 소량의 철이 들어가면 보라색 석영, 곧 자수정이 된다. 암석의 입장에서 보면 순수한 석영에 섞여 들어간 철은 불순물이지만, 불순물이 없으면 보석이 될 수 없다. 그러니까 철은 아주 중요한 불순물인 셈이다.

3. 아콰마린

바다를 품은 밤의 여왕
아콰마린

3월

철 한 방울 더하면

 광물 중에서도 중요한 광물을 조암 광물이라고 부른다. 여기서 중요하다는 것은 너무나 많아서 이것들이 없으면 지각을 유지·보존할 수 없다는 뜻이다. 그러니 조암 광물의 세계에서는 양이 풍부한지, 어디에서나 볼 수 있는지, 흔한지에 따라 중요도가 결정된다. 분홍색이 도는 장석, 투명한 석영, 갈색이 도는 각섬석, 검은색을 내는 휘석, 흑운모, 올리브색 감람석 등 암석에 박힌 다양한 색의 점들이 조암 광물에 해당한다.

 녹주석도 조암 광물 가운데 하나로 규산염에 베릴륨과 알루미늄이 결합해 육각기둥 결정 모양을 이룬 광물이다. 이름에서 볼 수 있듯이 기본적으로 초록색이지만, 여기에 철이 소량 들어가면 파란빛이 도는 투명한 광물이 되는데, 이것이 아콰마린이다. 재미난 사실은 철 대신 크롬이나 바나듐이 섞이면 매우 진한 초록색으로 변하고, 이것이 바로 에메랄드라는 점이다. 그렇다. 아콰마린과 에메랄드는 원래 녹주석이었다. 여기에 아주 조금, 그러니까 1~2퍼센트의 원소 구성만 바뀌면 색이 바뀐다. 보석은 그런 것이다.

4. 다이아몬드

변하지 않는 아름다움

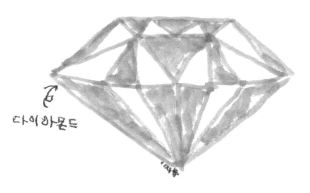

다이아몬드

근데, 잘 부서진다.

4월

대기만성형 보석

광물의 단단한 정도를 알아보는 방법으로 모스 경도계를 많이 사용한다. 모스라는 독일 광물학자가 고안한 방법인데 경도, 곧 단단한 정도를 아는 광물에 경도를 모르는 광물을 긁어 상대적인 단단함을 알아내는 것이다. 표준이 되는 광물은 약한 것부터 강한 것까지 10단계로, 활석, 석고, 방해석, 형석, 인회석, 정장석, 석영, 황옥, 강옥, 금강석 순이다. 가장 단단한 금강석은 다이아몬드의 지질학 용어다. 여기서 중요한 것은 각 단계는 딱 두 배만큼 강하거나 약한 것이 아니고 상대적이라는 사실이다. 예를 들어 석고보다 단단하고 방해석보다는 무른 손톱의 모스 경도는 2.5이다. 못은 4.5, 유리는 5.5이다.

모스 경도 10을 자랑하는 다이아몬드는 지구상의 모든 물질을 자를 수 있다. 하지만 탄소로 이루어진 물질이라 800도 정도인 불 속에 놓으면 불에 타 이산화탄소로 변하면서 연기처럼 사라지고, 망치로 내리치면 깨진다. 다이아몬드는 지하 150킬로미터, 지각과 맨틀이 만나는 곳에서 탄소들이 0.15나노미터 간격으로 결정을 이루며 아주 서서히 생겨난다. 큰 다이아몬드를 얻으려면 탄소들을 방해하지 말고, 큰 결정을 만들 때까지 기다려야 한다. 대기만성!

5. 에메랄드

이집트 사람들은 에메랄드가
부활의 돌이라 믿어
죽은 이와 함께 묻었다.

5월

자연산이 아니면

조암 광물인 녹주석에 아주 소량의 크롬이나 바나듐이 섞이면 맑고 진하고 품위 있는 초록색 보석, 에메랄드가 된다. 당연히 아름답고 희귀하기 때문에 매우 비싼 값에 팔린다. 돈에 눈이 먼 인간들은 땅속 깊은 곳에 묻혀 있는 에메랄드를 파내는 수고를 하지 않고 직접 만들기로 했다. 포화 상태의 소금물에 작은 물질을 넣으면 그 주변에 소금이 들러붙는 것을 본 적이 있을 것이다. 사람들은 아주 작은 녹주석 씨앗을 적당한 용액 안에 넣어 에메랄드가 한 겹씩 자라도록 두었다. 어떤 용액인지는 기밀이라고 한다. 소금물과 달리 성장 속도는 매우 느려서 한 달에 1밀리미터 두께로 자라고 상품으로 가치가 있으려면 적어도 7개월은 기다려야 하지만, 놀랍게도 인공적으로 에메랄드를 만들 수 있다. 이쯤에서 드는 의문 한 가지, 이 인공 에메랄드는 광물일까? 아니다!

광물은 특정한 분자들이 결정 구조를 이루고 있어야 하고, 결정적으로 '자연산'이어야 한다! 그래서 자연에서 난 에메랄드와 다이아몬드는 광물이지만, 실험실이나 공장에서 만든 것은 광물이 아니다. 당연히 보석 판매상은 이러한 사실을 고객에게 알려야 한다. 안 그러면 불법이다.

6. 진주

진주 귀걸이를 한 소녀

6월

클레오파트라가 마신 보석

광물의 정의 중에는 무기물이어야 한다는 조항이 있다. 그 기준에 따르면 진주는 광물이 아니다. 진주는 진주조개가 만들고, 조개는 살아 있는 생물이므로 진주는 유기물이다. 진주조개는 몸 안에 이물질이 들어오면 그로부터 몸을 지키기 위해 진주질을 분비해 신원 미상의 물질을 감싼다. 이것은 일종의 면역 반응으로, 알 수 없는 물질이 자신을 죽음으로 내몰지도 모르는 상황을 막는 확실한 방법 중 하나다.

진주질은 얇은 탄산칼슘층과 콘치올린 단백질이 물과 섞인 물질로, 자개라는 이름으로도 널리 알려져 있다. 간혹 콘치올린 단백질 막에서 짙은 색 색소가 분비되는데, 이것이 흑진주다. 자연 상태에서 생긴 진주는 작은 이물질을 진주질이 층층이 싸고 있어 양파 같은 구조인 반면, 구슬을 조개 속에 넣어 양식한 진주는 겉만 진주질로 싸여 있다. 진주를 식초 같은 산에 넣으면 탄산칼슘이 녹고 단백질만 남는데, 이를 이용해 화장품을 만든다. 고대 이집트의 여왕 클레오파트라는 이걸 바르지 않고 마셨다고 한다. 믿거나 말거나.

7. 루비

루비는 선탠을 좋아해.
루비는 자외선을 받을수록
더 붉게 보인다.

7월

색을 결정하는 것

지구를 구성하는 광물은 크게 규산염 광물과 비규산염 광물로 나뉜다. 주류인 규산염 광물이 지각의 90퍼센트를 차지하고, 나머지 탄산염 광물, 산화 광물, 황화 광물, 황산염 광물과 금, 구리, 흑연, 은, 백금, 다이아몬드 등을 다 합해도 겨우 10퍼센트 남짓이다. 하지만 비주류인 비규산염 광물은 경제적 가치가 큰 것들이 많아 절대 무시할 수 없다. 이 중 알루미늄 2개와 산소 3개로 이루어진 산화알루미늄, 곧 강옥은 모스 경도 9에 해당하는 아주 단단한 광물로, 원래 투명하다. 하지만 강옥의 결정이 만들어질 때 크롬이 섞여 들어가면 강옥은 붉은빛이 감돈다. 이것이 루비다.

그런데 강옥이 생길 때 크롬만 들어가라는 법이 없다. 여기에 티타늄이나 철이 들어가면 신기하게도 파란색이 도는데 이것이 사파이어다. 강옥의 세계에서는 크롬이 섞여 붉은색이 도는 루비를 제외한 나머지를 모두 사파이어라고 부른다. 그래서 사파이어 가운데는 파란색, 노란색, 나아가 분홍색도 있다. 강옥은 불순물에 따라 루비와 비(非)루비로 구분하는 셈이다.

8. 페리도트

지구야,
내가 간다.

유지피

↑

페리도트

어서 와
팔라사이트!

우주에서 온 보석

정사면체인 규산염 사이사이에 철과 마그네슘이 같은 간격으로 자리 잡은 채 식어서 결정화된 것이 페리도트다. 페리도트는 아주 시원하고 투명한 올리브색 광물이라, 보석상에서는 여름에 입는 시원한 옷과 잘 어울린다고 광고한다. 원소가 조금만 바뀌어도 붉은색, 자주색 등으로 바뀌는 다른 광물과 달리, 페리도트는 철의 함량에 따라 진한 올리브색이 되거나 노란빛이 도는 올리브색을 유지한다. 참 한결같고 올곧다고나 할까.

페리도트 중에는 우주에서 온 것들이 심심치 않게 있다. 소행성 중 꽤 큰 것은 지구처럼 핵, 맨틀, 지각으로 구성되어 있는데, 철이 풍부한 핵과 산소, 규소가 풍부한 맨틀 사이에서 페리도트가 만들어진 후 화산 폭발과 함께 튀어나와 지구까지 온 것이다. 이렇게 온 페리도트는 순수한 철 사이에 다양한 모양으로 박혀 있어, 운석을 얇게 자르면 누구도 흉내 낼 수 없는 멋진 디자인 작품이 된다. 투명한 페리도트를 통해 반대쪽을 볼 수도 있다. 이처럼 철과 함께 페리도트를 태워 온 운석을 팔라사이트라고 한다. 비싸다.

9. 사파이어

강옥 가문

우린 모두 사파이어야!
근데 왜 쟤는 루비야?

9월

루비만 빼고

강옥계의 비주류 사파이어는, 산화알루미늄에 아주 소량의 불순물이 섞여 있는 것을 모두 모아 부르는 이름이다. 세간에 알려진 것과 달리 파란색만 있는 것이 아니라 불순물의 종류와 양에 따라 노란색, 분홍색, 보라색, 주황색 등 다양한 사파이어가 존재한다.(오로지 붉은색만을 루비라고 부른다.) 게다가 인간이 약간 손을 보면 그 색이 더욱 진해지기도 한다. 예를 들어, 색이 흐려 그다지 예쁘다고 볼 수 없는 푸르뎅뎅한 사파이어를, 베릴륨 가스가 가득 차 있는 오븐에 넣어 구우면, 사파이어 표면에 베릴륨이 녹아든다. 이 사파이어를 식히면 베릴륨이 산화알루미늄 분자 사이에 끼어 오도 가도 못 하는 신세가 되는데, 이 덕분에 사파이어의 색은 쨍하다 못해 눈이 시린 파란색으로 변신한다.

하지만 이런 처리를 거치지 않고도 눈이 시린 파란 벨벳을 보는 듯한 사파이어가 있다. 인도, 파키스탄, 중국의 접경지대이면서 종교 분쟁이 끊이지 않는 카슈미르의 고지 5,000미터 산악 지대에서 일어난 산사태로 우연히 발견된 사파이어가 바로 그것이다. 인간이 아무리 애를 써도 소용없다. 가장 아름다운 최고의 보석을 언제 어디서 꺼내 줄지 정하는 것은 지구다!

10. 오팔

보석의 여왕 오팔
–셰익스피어–
아, 그래서 오필리아가
나오나?

10월

건조하면 깨진다

진주를 제외한 대부분의 보석이 땅속 깊은 곳 고온 고압의 마그마가 식어서 생긴 화성암인 것에 반해, 오팔은 퇴적암에서 생긴 보석이다. 오팔은 규산염과 물 분자가 결합한 것으로 물이 풍부한 곳에서 생긴다. 땅속 깊은 곳을 흐르는 물이 규소가 풍부한 사암을 지나면 규소를 녹여 내 규산염 포화 용액이 된다. 이 물은 퇴적층 사이의 빈 곳, 갈라진 틈으로 스며들고 오랜 시간에 걸쳐 물이 증발하면서 규산염이 차곡차곡 쌓여 결정을 형성한다. 이것이 오팔이다. 오팔은 400~700나노미터의 빛을 굴절시키는데, 이 파장대에 있는 것이 바로 가시광선이다.

그래서 오팔은 오로라 같은 빛을 내는 것, 유화로 그린 노을 같은 빛을 내는 것 등 보는 방향에 따라 다른 색을 내는 오묘한 광물이 된다. 물의 함량이 높은 광물이라 너무 건조한 곳에 두면 깨지는데, 아이러니하게도 지구 최대의 오팔 광산은 호주 사막 한가운데 있는 쿠버페디다! 이곳은 겨울 잠깐을 제외하곤 40도를 넘나드는 고온 건조한 곳이어서, 거대한 도시가 지하에 형성되어 있으며, 수도세가 세계에서 가장 비싼 곳으로 알려져 있다. SF 영화에나 나올 법한 지하 도시와 오팔을 함께 보고 싶다면 이곳으로 가면 된다.

11. 토파즈

선택해,
파란색이 되고 싶다면
말이야.

11월

감마선을 만나면 파랗게 질린다

황옥이라고도 불리는 토파즈는 알루미늄과 규산염 결합 사이에 붕소와 수산화이온이 끼어들어 생긴 광물로, 원래는 무색투명해서 다이아몬드와 구별하기 힘들지만 대체로 아주 옅은 노란색을 띤다. 대부분의 사람들은 토파즈라고 하면 아콰마린처럼 옅고 투명한 파란색 보석을 생각하는데, 그건 대부분 자연산이 아니다.

무색투명한 토파즈 원석은 다른 광물에 비해 산출량이 많아 싸다. 이 원석을 잘 깎은 뒤, 코발트-60에서 나오는 감마선을 쪼이면 토파즈의 결정을 이루고 있던 전자들이 생각지도 못한 에너지를 얻어 탈출한다. 이렇게 전자가 탈출하면 원자 사이의 결합도 느슨해져서 결정에 빈 구멍이 생기는데, 이 구멍에 빛이 흡수되거나 굴절된다. 토파즈의 경우 붉은색이 흡수되기 때문에 파란색으로 보이는 것이다.

그러니까 지금 보고 있는 토파즈가 파란색이라면 대부분 감마선을 쐬고 전자를 잃은 경험이 있는 광물이라고 생각하면 된다. 다이아몬드 값과 맞먹는 토파즈 또한 감마선을 쏘인 것은 틀림없다. 다만 자연산 파란색 토파즈는 땅속에서 자연적으로 방사성 동위 원소가 내놓는 감마선을 맞은 것이다. 그러니 비싸다. 아무튼 토파즈가 파란색이 되려면 강력한 방사선을 한 번은 만나야 한다.

12. 지르콘

지르콘

이지율

네 나이를
알려 줄게.

12월

지구의 나이 기록법

◇◇◇◇◇◇◇◇◇◇◇◇◇◇◇◇◇◇

　지르콘은 지르코늄과 규산염이 만나 결정을 이룬 광물로, 이 역시 불순물에 따라 다양한 색이 있고 다이아몬드와 비슷한 광택이 있다. 하지만 지르콘이 지닌 가장 큰 가치는 지구의 나이를 비교적 정확하게 알려 준다는 점이다. 지르콘 결정이 생길 때 우라늄, 토륨 등이 주변에 있었다면, 이들은 지르코늄 사이로 슬쩍 끼어들어 한 자리씩 차지하고 결정이 된다. 불순물들은 지르코늄과 크기가 비슷할 뿐 아니라 전기적 성질도 같아 아무도 알아보지 못하는 것이다.

　그런데 우라늄의 반감기는 7억 년, 토륨은 140억 년이나 되기 때문에 긴 시간을 측정하는 데 아주 좋은 원소들이다. 반감기란 원소의 초기량이 절반이 되는 데 걸리는 시간이다. 그러니 지르코늄 대신 들어앉은 우라늄이나 토륨의 양과 이들이 반감기를 거쳐 변한 납의 양을 측정하면, 지르콘의 나이를 잴 수 있다. 지르콘은 녹는점이 높아 한 번 만들어지면 웬만한 온도에서는 녹지도 않는다. 이쯤 되면 지구가 자신의 나이를 알려 주려고 지르콘을 만들었다고 생각할 수밖에 없다. 지구의 빅 픽처가 놀랍지 않은가.

4장

24절기와
생명의 탄생

24절기는 태양력을 기반으로 만들어졌다. 오래전부터 사람들은 북반구 남반구 가리지 않고 밤과 낮의 길이가 같은 날, 낮이 가장 긴 날, 밤이 가장 긴 날을 각각 춘분, 추분, 하지, 동지로 불렀으며 각 구간을 6등분해서 24절기를 만들었다. 그러니 절기 사이의 간격은 얼추 보름 정도다.

달을 기반으로 한 태음력은 계절과 맞지 않고, 어떤 해에는 13번째 달이 생기는 등 불편한 점이 많았다. 하지만 태양력은 해마다 같은 날에 절기가 돌아오기 때문에 농사를 비롯해 다양한 행사를 정할 때 아주 편리했다. 다만 24절기의 날짜가 하루 정도 다르기도 한데 그 이유는 1년이 정확하게 365일이 아니라 365.2425일이기 때문이다. 그래서 4년에 한 번 2월 29일이 있는 것이다.

하지만 고도 산업 사회로 접어 들면서 24절기는 현대인의 달력에서 사라진 지 오래다. 게다가 급격한 기후 변화로 24절기가 잘 맞지도 않는다. 그럼에도 인간의 유전자에는 보름을 한 칸으로 하는 24절기의 시계가 돌아가고 있다. **잉태된 인간이 태어나기까지의 과정을 24절기와 함께 보름 간격으로 끊어서 살펴보자.** 아울러 내가 태어난 생일을 거꾸로 세어서 나는 어떤 절기에 수정되었는지도 따져 보자. 보통 태어난 날을 기념하지만, 사실 중요한 것은 엄마 배 속에서 수정란이 된 바로 그 순간이다. 그 절기에 수정되지 않았다면 우리는 이 세상 공기를 마실 수 없을 테니 말이다.

1. 입춘(立春)

2월 3일. 이때부터 봄이 시작된다.

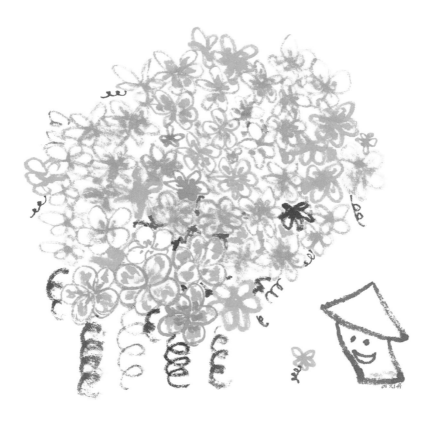

봄이 오면 문을 열어 준다.

에너지를 집중하다

난포

    생리가 막 끝난 여성의 난소에서는, 여성이 태어날 때부터 가지고 있던 원시 난포 중 몇 개가 서서히 깨어난다. 난포들은 누가 누가 더 건강한지 가늠한 다음 그중에서 가장 왕성한 난포 하나만 남고 나머지는 스스로 성장을 멈춘다. 이는 에너지를 한곳에 집중하기 위함이다. 난포의 성장 속도가 빨라짐에 따라 난포는 에스트라디올과 에스트로겐 호르몬을 점점 더 많이 분비해 자궁벽에 모세 혈관을 늘려 새로운 층을 만든다. 이 일은 2주 동안 계속 된다. 성장하는 난포에는 난자가 될 난모세포가 자리 잡고 있다.

2. 우수(雨水)

2월 18일. 눈이 녹아 비가 되니, 추운 겨울을 보내고 봄을 맞는다.

눈사람에게 작별 인사를 한다.

수정하지 않은 난자

배란과 생리

 난포가 성장을 시작한 지 2주 정도 지나면 난소에 아주 작은 풍선 같은 혹이 생기고 그것이 점점 커져 '픽' 터지면서 난자가 총알처럼 튀어나온다. 이것이 '배란'이다. 난자는 나팔관으로 바로 빨려 들어가 자궁을 향해 가는데, 때마침 정자들이 나팔관 입구에서 기다리고 있으면 그중 가장 건강한 정자를 골라 수정한다. 하지만 수정 확률은 매우 낮다. 그럼 수정하지 않은 난자는 어떻게 할까? 난자는 여유 있게 난관을 지나 자궁으로 간 뒤 분해되어 체내에 흡수된다.

 수정하지 않은 난자는 임신 호르몬을 분비하지 않기 때문에, 자궁은 두껍게 만든 자궁 내벽을 헐어 낸다. 다량의 호르몬을 분비하고 자궁을 수축시켜, 영양분을 투자해 만든 자산을 아끼지 않고 버리는 것이다. 이것이 생리다. 그 탓에 여성들은 생리 증후군으로 알려진 여러 증상으로 고생을 하는데, 복통, 두통, 졸음, 집중력 저하, 운동 능력 저하 등 자궁이 없는 생물은 절대 이해하지 못할 증세로 시달린다. 여성은 이와 같은 스트레스를, 난자가 더 이상 나오지 않을 때까지 평균 35년 동안 규칙적으로 겪는다.

3. 경칩(驚蟄)

3월 5일. 겨울잠을 자던 벌레, 개구리 따위가 깨어 꿈틀거리기 시작한다.

늦잠 자는
벌레와 개구리를 깨운다,

선택하는 자, 선택받는 자

수정

생리가 끝나면 자궁은 다시 자궁벽을 두텁게 만든다. 다시 시작하는 것이다. 이번에는 한 달 전과 달리 반대쪽 난소에서 난자가 성장한다. 난자는 양쪽 난소에서 번갈아 나오지만, 간혹 양쪽에서 동시에 나오기도 한다. 이때 난관에 정자가 도달해 있으면 모두 수정이 되어 이란성 쌍둥이가 되기도 한다. 이란성 쌍둥이는 난자와 정자가 모두 다르므로 유전자가 다르고, 자연히 생김새도 다르다. 성별은 당연히 같을 수도 있고 다를 수도 있다.

난포에서 난자가 튀어 나오면 난관에서 기다리고 있던 정자들은 난자에서 나오는 호르몬을 감지하고 난자에게 다가간다. 난자는 접촉을 시도하는 정자 중 가장 건강한 것을 고른 뒤 표면에 전기를 흘린다. 선택되지 않은 정자들은 나가떨어진다. 선택된 정자는 꼬리가 떨어져 나가고 핵만 난자의 핵으로 이동한다. 정자의 핵 속에 든 유전자가 난자의 유전자와 짝을 맞추어 인간의 23쌍의 유전자를 갖춘다. 이제 수정란이 되었다. 지금부터 38주가 지나면 이 작은 세포 하나는 어엿한 인간이 된다.

4. 춘분(春分)

3월 20일. 낮과 밤의 길이가 같아진다. 이날 이후로 북반구에서는 낮이 길어진다.

밤과 낮이 딱 만난다.

푹신하게 안전하게
착상

　수정란은 6일에 걸쳐 천천히 나팔관을 지나서 자궁에 도착하는데, 그 사이에 아주 극적인 일이 벌어진다. 첫째 날은 수정란이 분할하고 이틀째에는 세포가 2개로 나뉘는 '2세포기', 사흘째에는 세포가 4개로 나뉘어 '4세포기', 나흘째에는 세포가 너무 많아져 도저히 셀 수 없는 '상실배', 닷새 엿새에는 세포들이 공 모양을 이룬 '배반포'가 된다. 그 상태에서 자궁에 도착하면 자궁 내벽은 배반포가 안전하게 착상하기에 맞춤한 정도로 두꺼워져 있다. 배반포는 자궁 내벽을 뚫고 들어가 혈액이 풍부한 조직 속에 안착하는데 이것을 착상이라고 한다.

5. 청명(淸明)

4월 4일. 생명이 약동하는 시기. 식목일을 이때로 잡은 이유를 알 것 같다.

청명에는 부지깽이에서도
싹이 난다.

꼬리가 있다

◇◇◇◇◇◇◇◇◇◇◇◇

3~4주

이 배반포를 자세히 보면 한쪽에 세포가 몰려 있는 것을 볼 수 있는데, 이 세포 덩어리를 '배아'라고 하고, 배아가 세포 분열을 통해 개체로 완성되어 가는 과정을 '발생'이라고 한다. 착상 후 인간의 배아는 분열을 거듭해 마치 호떡을 반으로 접듯이 접히는데, 이때 세포들은 위, 아래, 앞, 뒤, 바깥쪽, 안쪽처럼 위치한 곳에 따라 점차 신경계, 소화계, 순환계 등 각기 다른 역할을 하는 장기로 변한다.

수정 후 3주부터 8주까지를 배아기라고 하는데, 놀랍게도 3주째에 배아 세포들은 자신의 역할을 알아차리고 부지런히 분열을 해, 점에 불과한 심장을 만든다. 모체로부터 얻어 온 양분과 산소를 세포 내에 공급하려면 순환이 가장 급한 일이기 때문이다. 나아가 수정 후 4주째가 되면 눈이 될 자리가 정해지고, 팔다리가 혹 모양으로 솟아나기 시작한다. 그리고 꼬리가 있다.

6. 곡우(穀雨)

4월 20일. 봄비가 내려서 온갖 곡식이 윤택해진다.

비가 오면 비를 맞는다.

역할에 따라

◇◇◇◇◇◇◇◇◇◇◇◇

5~6주

하나였던 세포들이 분열을 거듭하면서 일부 세포들은 수축해서 전체 모양을 바꾼다. 이것은 매우 놀라운 일로 세포들은 단순 복제를 통해 똑같은 세포로 분열되는 것이 아니라, 분열을 거듭할수록 몇 번째 세대의 어느 위치에 있는 세포인가에 따라 역할이 정해져 있다. 배아의 등 쪽에 있는 세포들은 등줄기를 따라 세포의 한 부분을 수축해 관을 형성하는데, 이것이 신경관이고 장차 척수가 된다.

놀라운 것은 이뿐만이 아니다. 신경관 옆에 언덕을 이루며 분열하던 세포는 물결처럼 세포 위를 이동해 척추와 뇌를 형성하는데, 이는 마치 먹이를 쫓아가는 박테리아처럼 보인다. 먼저 도착한 세포들은 망을 구축해 든든하게 자리 잡고, 뒤에 따라오는 세포들은 그 망을 따라 자리를 잡는다. 이와 같은 일은 배아기 내내 이루어지고, 수정 후 5주의 배아는 흔적뿐이던 머리가 훨씬 커지고 귀가 보이기 시작하며 중추 신경계의 기초를 잡는다. 6주가 되면 입 자리에 구멍이 생기고 치아 자리가 생긴다.

7. 입하(立夏)

5월 5일. 이때부터 여름이 시작된다.

놀자!

자기가 근육 세포인지 어떻게 알지?

하나의 세포에서 근육, 뼈, 신경, 간, 위 등 각기 다른 세포가 만들어지는 과정은 매우 신기하고 이상하다. 모든 세포는 핵에 동일한 유전자를 가지고 있다는 점을 생각하면 더욱 이상하다. 각 세포는 자신이 근육 세포인 줄 어떻게 아는 것일까? 배아의 발생 과정에서 가장 중요한 역할을 하는 것은 특정 유전자를 끄고 켜는 조절 단백질이다. 조절 단백질은 각 세포의 핵으로 들어가 DNA의 특정 부분에 들러붙어 스위치 역할을 한다. 예를 들어 근육 세포가 되려면 간이나 신장 세포가 되는 유전자를 평생 억제시켜야 한다.

단백질 스위치의 왕은 혹스(Hox) 유전자다. 이 유전자는 배아 발생 초기에 머리, 가슴, 배가 될 세포를 결정하고, 다음 단계로 눈, 손, 발로 분화될 세포를 지정한다. 복잡한 생명체일수록 혹스 유전자의 개수가 많다. 인간은 물론 돼지, 닭, 개구리, 물고기, 곤충에 이르기까지 모든 동물에게 혹스 유전자가 있는 것으로 보아 지구상의 동물은 모두 친척이다. 7주의 배아는 윗입술이 양쪽에서 자라나기 시작하고 생식기가 생기기 시작한다. 8주의 배아는 거의 2등신으로 사지가 제법 길어지고 꼬리가 사라지기 일보직전!

8. 소만(小滿)

5월 21일. 만물이 점차 생장하여 가득 찬다.

꽃과 함께 논다.

자살하는 세포들

9~11주

24절기의 한 절기가 보름이 조금 넘기 때문에 소만이 되기 전에 수정 후 9주 기간이 시작된다. 이 시기부터 태아라고 부르는데, 인간의 모습을 얼추 갖추었고, 이제 남은 일은 형태를 갖춘 기관이 완성되는 것이다. 9주의 태아는 손가락 발가락도 갖추고 있다. 우리는 손가락과 발가락을 아주 당연한 것이라 생각하지만, 배아를 이루고 있는 세포들은 제대로 된 손과 발을 만들기 위해 스스로 목숨을 끊어야 한다. 이를 '세포 자살'이라고 한다.

사지를 이루는 세포는 그 자리에서 열심히 세포 분열을 해 외형이 뭉툭한 손과 발을 만든다. 그러나 피부 속에는 다섯 개의 손가락뼈와 발가락뼈가 있고 이 뼈들이 제대로 기능을 하려면 손과 발을 싸고 있는 피부가 손모아장갑 형태에서 손가락장갑 형태로 바뀌어야 한다. 이때 손과 발의 피부 세포 중 갈라져야 할 부분의 세포가 스스로 죽는다. 태아의 손은 마치 조각하는 것처럼 제 모습을 찾는다. 태아의 크기는 얼추 4~5센티미터 정도이며 10주, 11주에 이르는 동안 내장 기관이 미약하게 활동하기 시작한다.

9. 망종(芒種)

6월 5일. 이맘때가 되면 보리는 익어 먹게 되고 모를 심는다.

햇빛을 먹고
초록이 된다.

일단 많이 만들고 보자!

◇◇◇◇◇◇◇◇◇◇◇◇◇◇◇◇◇◇◇◇◇◇

12~13주

세포가 죽기로 결정하는 일은 생각보다 중요하다. 태아는 태아기에 접어들면서, 뇌를 구성할 신경 세포를 만드는 데 총력전을 펼친다. 엄청나게 많은 신경 세포를 만들기 때문에 태어날 때 이미 평생 사용하는 것보다 훨씬 많은 수의 신경 세포를 가지고 있다. 하지만 인간은 엄마 배 속에서 가지고 나온 신경 세포를 다 쓰지 않는다. 인간은 성장하면서 신경 세포들 사이의 네트워킹을 구성하면서 꼭 필요한 연결망만 남기고 85퍼센트의 신경 세포를 '가지치기'한다. 좀 이상하게 들릴지 몰라도, 필요 없다고 판단한 신경 세포는 스스로 죽는다. 그렇다고 걱정할 건 없다. 다행스럽게도 수십억 개의 가장 건강하고 쓸모 있는 신경 세포가 남아서 평생 움직이고, 먹고, 자고, 기억하는 등 나에게 필요한 모든 일을 나도 모르는 사이에 해결해 줄 것이기 때문이다.

가지를 칠 때 치더라도 12주 된 태아는 열심히 신경 세포를 만든다. 게다가 이제 그냥 보기만 해도 인간임이 분명하다. 콧날이 있고, 윗입술이 닫혀 입이 되었고, 손톱이 자라기 시작한다. 양수를 마시고, 오줌을 누고, 심장이 박동한다.

10. 하지(夏至)

6월 21일. 북반구에서는 낮이 가장 길고 밤이 가장 짧다.

낮이 밤을 기다린다.

공급 시스템 구축

수정 후 14주가 지나 세포의 수가 많아지면 태아는 모든 세포에 영양분을 공급할 체계를 갖추어야 한다. 세포가 몇 개 되지 않을 때는 박테리아처럼 독자적으로 움직여 주변에서 양분을 흡수할 수 있지만, 수백억 개의 세포가 다닥다닥 붙어 있으면 그런 방식으로는 양분과 산소를 얻을 수 없다. 그래서 태아는 각 조직 세포에 제때 양분과 산소를 공급하기 위해 정교한 혈관계를 만든다. 또 살아가는 데 필요한 신호들을 신속하게 전달할 신경계를 구축한다.

뇌의 깊숙한 부분에 위치한 시상 하부에서는 혈압, 수분과 염분의 평형, 심장 박동 조절에 관여하는 호르몬을 분비할 뇌하수체를 완성하고, 여기서 분비된 호르몬은 갑상선, 간, 이자, 난소나 정소, 부신이 호르몬을 제때 감지할 수 있게 수용체를 만든다. 호르몬은 혈액에 섞여 온몸을 돌기 때문에 혈관계와 신경계는 함께 영향을 주고받으며 완성된다. 하지가 지나고 소서에 이르면 이 역시 얼추 완성된다.

11. 소서(小暑)

7월 7일. 이때부터 본격적인 무더위가 시작된다.

밀이 익는다.

엄마와 아기의 혈액형이 달라도

16~17주

이제 태아는 누가 봐도 인간의 모습을 그대로 갖추었다. 크기는 손바닥에 쏙 들어올 만큼 아주 작고 몸무게는 100그램에 지나지 않지만 초음파로 보아도 머리, 몸, 팔, 다리를 구분할 수 있다. 뇌를 중심으로 한 중추 신경계도 거의 완성되어, 심장 박동, 혈압 같은 자율 조절 기능을 갖추고 있어 스스로 심장 박동을 조절할 수 있다. 이는 한 개체로 생존하기 위해 가장 필요한 기능이므로 소리, 촉감 같은 감각 신호를 감지하는 일보다 먼저 완성된다.

엄마로부터 영양을 공급받을 태반 역시 튼튼하게 완성된다. 태반은 모세 혈관이 가득 퍼져 있고 이 모세 혈관은 태아의 혈관과 탯줄을 통해 연결되어 있다. 그러니 엄밀히 말하면 태반은 태아의 신체 일부다. 태반이 붙은 자궁벽 쪽에는 엄마의 모세 혈관이 가득 퍼져 있다. 엄마와 태아의 모세 혈관은 아주 가까이 붙어 있어서 산소와 영양분을 주고받을 수 있지만, 혈액이 섞이지는 않는다. 그래서 엄마와 아기의 혈액형이 달라도 피가 굳지 않는 것이다.

12. 대서(大暑)

7월 22일. 1년 중 가장 무더운 시기이다.

장마와 태풍의 안부를 묻는다.

양수의 정체

◇◇◇◇◇◇◇◇◇◇◇◇◇◇

18~20주

수정 후 18~20주가 된 태아는 거의 모든 신진대사 기능이 완성된다. 태아는 자궁의 양수에서 잘 놀며 쑥쑥 자란다. 양수의 대부분은 태아가 눈 오줌으로 구성되어 있다. 그러니 양수에는 태아의 오줌에 섞여 나온 세포가 포함되어 있고, 세포의 핵에는 유전자가 들어 있으니, 이 세포를 검사하면 태아에게 유전병이 있는지 알 수 있는 것이다. 이런 이유로 기다란 바늘로 양수를 20밀리미터쯤 뽑아 2~3주 배양시켜 세포 수를 불린 뒤, 태아의 유전자에 이상은 없는지 검사한다. 부모에게 유전병이 있어 염려되는 경우 이 검사를 하지만, 대부분 할 필요 없다.

20주가 되면 뇌에서 뇌파가 나오기 시작하며 통증을 느낀다는 견해가 있다. 뇌가 활동을 시작하는 것이다. 이것은 매우 중요한 변화이고 이 때문에 일부 과학자들은 이때부터 태아를 의식을 지닌 인간으로 보아야 한다고 주장한다.

13. 입추(立秋)

8월 7일. 이때부터 가을이 시작된다.

가을이 서늘한 밤바람을 타고 온다.

태교를 시작할 때

21주에 접어든 태아는 700그램이 될 정도로 자랐다. 움직임이 훨씬 자유롭고 활기차며 피부에 분비선이 기능을 시작해 하얀 기름으로 뒤덮인다. 모든 생명체는 안과 밖을 구분하며 바깥 환경으로부터 안쪽을 보호하려 하고, 이 때문에 피부가 매우 중요하다. 피부는 매우 특수화된 세포 집단으로, 세균과 바이러스가 몸 안으로 침투하는 것을 막는 장벽이고, 몸 안에 있는 수분이 밖으로 날아가는 것을 막는 수분 차단벽이다. 이런 역할을 수행하기 위해 피부에는 기름을 분비하는 샘이 퍼져 있다. 또 온도, 통증, 압박, 접촉을 감지하는 기관이 퍼져 있으며 땀을 흘려 체온을 조절하는 기능도 있다.

이 무렵 태아의 뇌는 시상과 대뇌피질의 연결이 완성되어 뇌파가 지속적으로 나오며 22주 무렵에는 통증을 느낄 확률이 크다고 본다. 부모들은 이때부터 태교에 신경 쓰기 시작한다. 태아의 뇌가 작동하고 있다는 사실을 감안할 때 매우 적절한 태도라 볼 수 있다.

14. 처서(處暑)

8월 23일. 더위가 한풀 꺾이기 시작한다. 태풍이 찾아오기도 한다.

모기야, 올해도 고생했어.

두 사람이 숨을 쉰다

23~24주

23주에 들어선 태아는 열심히 자라고 있다. 중추 신경계와 뇌가 이미 연결되어 몸을 컨트롤할 수 있고, 피부의 표면적이 넓어져 주름이 생기며 모세 혈관이 더 많이 분포해 분홍빛이 돈다. 겉모습만 보면 몸집이 작아서 그렇지 이제 곧 태어나도 살 수 있을 것 같지만, 불행하게도 그렇지 않다. 태아의 폐는 아직 발달이 덜 되어서 산소를 받아들이는 호흡 작용을 온전히 할 수 없다. 이 탓에 이때 태어난 미숙아는 두 명 중 한 명만 살아남는다.

태아의 폐가 미숙해도 엄마 배 속에서라면 안전하다. 엄마가 열심히 호흡을 해 공기 중 산소를 헤모글로빈에 붙인 뒤, 산소가 풍부한 혈액을 태반으로 보내 태아에게 산소를 공급하기 때문이다. 그래서 임신부는 조금 빨리 걷거나 오래 서 있으면 혈액이 다리에 몰려 숨이 차는데, 기본적으로 두 사람 몫의 산소가 필요하기 때문이다. 그러니 지하철이나 버스에서 임신부가 보이면, 두 사람에게 필요한 숨을 쉬고 있다는 것을 인지하고 얼른 자리를 양보하자.

15. 백로(白露)

9월 7일. 해가 짧아지고 고도가 낮아져 산간 지방에 서리가 내릴 정도로 기온이 내려간다.

밤 사이 서리가 다녀간다.

1킬로그램 돌파!

25~27주 사이 태아는 1킬로그램을 넘길 정도로 크게 자란다. 점점 자라는 속도가 빨라져 엄마는 더욱 힘들다. 자궁이 커지면서 위를 밀어 올려 조금만 먹어도 배가 부르고, 소장과 대장을 밀어붙여 장운동이 제대로 이루어지지 않아 변비에 걸리고 치질이 악화되기도 한다. 장에 가스라도 차면 진퇴양난, 너무나 괴롭다. 그러니 섬유소와 수분이 많은 음식을 먹고 계속 움직이는 것이 좋다.

태아는 피하 지방이 붙기 시작해 주름이 조금씩 펴지고, 폐도 조금 더 발달한다. 근육도 붙기 시작해 발차기가 더욱 세진다. 청각이 거의 완성되어 소리를 들을 수 있고, 통증을 느끼며 좌우뇌가 매우 안정적인 뇌파를 발산한다. 이런 이유로 거의 모든 과학자들이 25주 이후의 태아는 의식을 가지고 있다고 여긴다. 어엿한 인간으로 여긴다는 뜻이다. 그러니 태아에게 좋은 이야기를 많이 해 주자.

16. 추분(秋分)

9월 23일. 밤과 낮의 길이가 같아진다.

밤과 낮의 무게가 같다.

아기의 무게를 지탱하려면

28~29주

태아는 무럭무럭 잘 자라고 있다. 수정 단계에서부터 모든 일이 순조롭게 이루어졌다면, 임신기 통틀어 태아와 산모에게 가장 편안한 시기다. 하지만 사소한 문제가 하나 있는데, 산모와 태아가 동시에 편하려면 산모의 척추기립근과 대퇴근과 허벅지 근육이 강해져야 한다는 점이다. 그래야 복부에 추가된 체중을 잘 지탱하면서 서고 걸을 수 있다. 하지만 이런 근육들은 저절로 생기지 않기 때문에, 임신하기 전에 등에 분포한 등배근과 척추기립근을 튼튼하게 하는 운동을 하는 것이 좋다.

사실 이 근육들은 임신이 아니라도 모든 현대인들이 관심을 기울여야 할 근육이다. 장시간 책상에 앉아 모니터를 보기 때문에 생기는 거북목 현상을 방지해 주고, 허리를 애매하게 굽히고 해야 하는 다양한 행동들, 이를테면 큰 물통 들어 올리기, 세탁기에 빨래 넣기, 진공청소기 돌리기 등을 해도 허리가 아프지 않도록 해 준다. 등 쪽에 분포한 근육을 강화하는 데 가장 효과적인 운동은 바벨을 들고 일어섰다 앉기를 반복하는 데드 리프트가 잘 알려져 있다. 그러니 평생 열심히 운동하는 걸로!

17. 한로(寒露)

10월 8일. 찬이슬이 내리고 곡식과 과일을 수확한다.

단풍을 반긴다.

배 속에서 자라는 머리털

30~31주

30~31주가 되면 태아는 극적으로 자라서 2킬로그램에 이르는데, 개인차가 커서 잘 자라는 태아도 있고 작은 태아도 있다. 폐 기능이 좋아져서 이 기간에 태어나면 세 명 중 두 명은 살아남는다. 피부 세포가 열심히 분화해서 머리털이 자라고, 손가락과 발가락의 근육이 발달해 꼼지락대기도 한다.

18. 상강(霜降)

10월 23일. 아침과 저녁의 기온이 내려가고, 서리가 내리기 시작할 무렵이다.

내년을 기약한다.

큰 소리 내지 마

32~33주

32~33주의 태아는 외부 자극에 반응할 정도로 감각 기관이 발달한다. 태아에게 다정하게 말을 걸었더니 발로 차서 응답하더라는 부모의 이야기가 모두 거짓은 아니라는 뜻이다. 큰 소리가 나면 산모가 놀라는 것은 물론 태아도 놀랄 수 있다. 태아의 몸집이 커진 만큼 호르몬의 분비량도 크게 늘며 생식 기관이 빠르게 발달한다.

19. 입동(立冬)

11월 7일. 이때부터 겨울이 시작된다.

겨울의 소식을 듣는다.

무거운 머리는 아래로

<><><><><><><><><><><><><><><><><><>

34~35주

34~35주의 태아는 큰 문제가 없는 한 언제 태어나도 생존할 수 있다. 산소 호흡기의 힘을 빌려야 하는 경우도 있지만 대부분 스스로 호흡이 가능하다. 그러나 소화 기관이 완벽하게 작용하지 않아 영양 주사에 의존해야 할 수도 있다. 다행히 엄마의 몸에서 잘 자라고 있는 태아는 몸에 비해 머리가 크고 무거워 머리가 아래쪽으로 향한다. 좁은 산도를 통과할 준비를 하는 것이다. 피하 지방이 조금 더 두꺼워져 주름이 조금 더 펴진다.

20. 소설(小雪)

11월 22일. 슬슬 추워진다.

찬 바람과 친구가 된다.

면역 체계를 갖춘다

36~37주의 태아는 엄마로부터 항체를 받아 면역 체계를 갖추기 시작한다. 자궁을 벗어나 산도를 지날 때부터 아기는 각종 병원균의 공격을 받는다. 태중에 있을 때는 엄마가 면역을 책임지지만 태어나는 순간부터는 스스로 균과 싸워야 하므로 태어나기 전에 만반의 대비를 한다. 당연히 산모가 건강한 면역 체계를 지니고 있어야 아기에게 도움이 될 수 있다.

소화계가 작동할 준비를 하면서 장속에 짙은 녹색 변이 차는데, 이를 태변이라 한다. 간혹 태아가 태어나기 전에 태변을 싸서 양수가 뿌옇게 변하는 경우가 있는데, 만약 태아가 태변이 섞인 양수를 마시면 위 점막에 자극을 줘서 태어나도 엄마 젖을 먹지 못하는 경우가 있다. 이런 경우 갓난아기는 위가 나을 때까지 물만 먹어야 할 수도 있다.

21. 대설(大雪)

12월 7일. 본격 추위가 시작된다.

눈이 오면 즐겁게 맞이한다.

으앙, 첫 호흡을 하다

38주

38주에 다다르면 피부는 바깥 세상에 나가기 위한 방어 체계를 빠르게 정비한다. 태아가 태어나야 할 때가 되었다는 사실을 감지하고 엄마에게 신호를 보내는 것은 태반이다. 이제부터 태아와 산모는 협동해야 한다. 자궁은 태아를 밀어내기 위해 수축한다. 자궁은 주머니 모양의 근육으로 출산이 다가오면 아주 강하게 주기적으로 수축하고 출산이 임박할수록 주기가 빨라진다. 여성이 생리 때 겪는 복통은 출산 때 겪는 자궁 수축 통증과 근본적으로 같다.

태아의 머리가 산도 입구까지 내려오고 자궁 입구가 열리면, 태아는 머리를 180도 돌려 산도를 빠져나갈 준비를 한다. 동시에 엄마의 골반을 잡고 있던 근육과 인대가 느슨해지면서 태아의 머리가 빠져나올 만큼 벌어진다. 때를 맞춰 양수가 쏟아지면서 산도와 아기 머리의 마찰을 줄여 아기가 태어나는 것을 돕는다.

아기는 태어나자마자 공기를 마신다. 그러면 딱 붙어 있던 폐가 풍선처럼 쫙 퍼진다. 아기의 폐는 처음으로 산소와 헤모글로빈을 결합시키는 호흡 작용을 한다. 아울러 심장, 폐, 각 기관을 연결하는 혈관계와 호흡계를 빠르게 완성해 간다. 그리고 소리를 낸다. 으앙!

22. 동지(冬至)

12월 22일. 북반구에서는 1년 중 낮이 가장 짧고 밤이 가장 길다.

밤과 친하게 지낸다.

잘 먹고 잘 자고 잘 싸기

생후 2주

춘분 무렵 난관에서 수정한 수정란은 38주간 기적적인 과정을 거쳐 인간의 모습을 갖추고 대설 무렵 태어난다. 물론 모든 과정이 평균적으로 이루어졌을 때 그렇다는 뜻이다. 수십억 인간의 얼굴이 모두 다르듯, 각 인간이 세포 하나로부터 시작해 태어나는 과정은 제각각 다르다. 다만 공통점이 있을 뿐이다. 가장 확실한 공통점은 태아 시기부터 생후 1~2년까지가 인간의 일생을 통틀어 세포 분열이 가장 왕성하게 이루어지는 시기라는 점이다. 세포는 물질이기 때문에 세포가 늘어나려면 물질을 적절하게 제공해 주어야 한다. 잘 먹어야 한다는 뜻이다.

아기에게 가장 좋은 것은 엄마 젖이지만, 다양한 이유로 엄마 젖을 먹을 수 없는 경우도 있다. 또 오늘날 환경이 많이 오염되어 엄마 젖도 그리 안전한 먹거리는 아닐 수도 있다. 그러니 상황에 맞추어 아기에게 가장 안전하고 영양이 풍부한 먹을 것을 주도록 하자. 물론 사랑을 듬뿍 담아서!

23. 소한(小寒)

1월 5일. 겨울의 한가운데 들어선다.

옛 친구를 다시 만난다.

눈에 보이는 게 있다

생후 4주

    태어난 지 한 달 무렵이 된 아기의 눈은 매우 빠르게 발달한다. 그래서 누워 있는 동안 눈 주변의 근육과 시신경에 자극을 주기 위해 머리 쪽에 모빌을 달아 준다. 다만 아기의 시신경은 아직 완성되지 않아 작은 물체를 자세히 볼 수 없고 색을 구분할 수 없다는 것은 알아 두는 것이 좋겠다. 보통 흑과 백, 명암 정도만 구분한다.

    이때 아기는 시각보다 청각과 후각의 비중이 크다. 그러니 다정한 톤으로 말을 걸고, 아기를 가까이 하는 사람은 잘 씻어서 불쾌한 냄새를 풍기지 않는 것이 좋겠다. 잘못했다간 구린내가 당신을 연상시키는 냄새로 아기의 뇌리에 남을 수도 있다.

24. 대한(大寒)

1월 20일. 한 해의 가장 추운 때이다.

꽃바람이 동장군을 배웅한다.

바깥 구경 가자!

생후 6주

사람들은 봄에 태어난 아이들의 감수성이 풍부하고 지능이 좋다고 한다. 그 이유는 날씨가 따뜻해서 아기를 데리고 산책하기 좋고, 그러다 보니 보고, 듣고, 맡고, 느끼는 것이 많아 아기의 뇌를 자극하기 때문이라는 것이다. 하지만 이는 반만 맞는 소리다. 아기의 감각을 자극하는 것이 안 하는 것보다 좋은 것은 사실이나, 그런 활동이 꼭 봄에만 가능한 것은 아니기 때문이다. 그렇게 친다면 위도가 높아 1년 내내 추운 지역에 사는 사람들은 지능이 낮아야 할 것 아닌가? 또 북반구가 봄일 때 남반구는 겨울이라는 점을 생각해 보는 것도 좋겠다. 그렇다고 대설에 태어난 아이의 지능이 걱정된다며 남반구로 이사를 갈 수는 없는 노릇이다. 추위도 따뜻하게 입고 밖으로 나가자. 분명 아기와 보호자의 정신 건강에 무척 도움이 될 것이다.

5장

생일 음식

모든 기념일에는 음식이 빠지지 않는다. 생일도 마찬가지다. 문화권마다 생일에 즐겨 먹는 음식이 있는데 대부분 그 지역에서 쉽게 구할 수 있는 재료를 쓰고, 많은 사람이 모인 잔치에서 나눠 먹기 좋은 음식이다. 또 생일을 맞은 이가 어린이인지 어른인지에 따라 다른 종류의 음식을 먹기도 한다. 어느 경우든 건강하게 오래 살라는 마음을 담아 음식을 전하는 것은 똑같다. 자, 그럼 어떤 생일 음식이 있는지 알아보자.

1. 케이크

거의 모든 지구인이
생일에 케이크를
먹거나 먹고 싶어 한다.

모든 것을 내주는 살신성인

거의 모든 지구인이 생일에 반드시 먹어야 한다고 여기는 대표적인 생일 음식, 케이크. 만드는 방법과 어원 등에 대해서는 여러 가지 설이 있으나, 지금도 워낙 다양하게 변모하는 음식이라 그런 것이 무슨 의미가 있을까 싶다. 사실 케이크처럼 살신성인하는 음식은 찾아보기 힘들다. 사람들이 케이크에 생크림, 과일, 젤리, 초콜릿, 캐러멜, 버터 등 생각할 수 있는 거의 모든 재료를 옷으로 입히고, 그 위에 그림을 그리거나 글씨를 써도 케이크는 묵묵히 받아들인다. 케이크에 초를 꽂고 불을 붙이고 타오르는 불을 보며 손뼉을 치고 노래를 부른 뒤, 조각내서 남김없이 나누어 먹는다. 사람을 모이게 하고, 노래를 부르게 하고, 달콤함으로 기분 좋은 나른함을 느끼게 해 주는 케이크! 이렇게 모든 것을 내주는 음식을 일찍이 본 적이 없다.

이러한 케이크의 기본은 장식 속에 가려진 빵이다. 아무리 겉의 재료들이 화려해도 빵이 맛이 없으면 케이크의 맛은 기대할 수 없다. 글루텐 함량이 적은 밀가루와 반죽 속에 기포를 제공할 이스트, 이 모든 화학 반응을 주도할 물, 조력자인 계란, 소금, 설탕, 지방이 조화를 이룰 때 케이크 빵을 성공적으로 만들 수 있다. 장식 재료들과 맛의 조화를 이루며 폭신폭신하면서도 입에서 사르르 녹는…. 아, 케이크는 조화의 상징이기도 한 것이다. 이토록 완벽한 음식이라니!

2. 시루떡

맛난 떡의 비결은
해와 비료

인류 번성의 비밀

〈◇◇◇◇◇◇◇◇◇◇◇◇◇◇◇◇◇◇〉

시루떡은 쌀가루를 시루에 담아 증기로 쪄서 만든 떡으로, 낙랑 유적에서 동 또는 흙으로 만든 시루가 발견된 것으로 보아 오래전부터 만들어 먹은 음식이다.

시루떡의 주재료인 쌀로 말할 것 같으면, 지구상의 인구 증가와 인간의 건강 증진에 가장 큰 기여를 한 식물이다. 물을 댄 논에서 기르기 때문에 잡초가 덜하고, 연중 기온이 높은 곳에서는 1년에 세 번이나 수확할 수 있으며, 열량으로 전환되는 녹말의 비율이 가장 높아 곡식의 왕좌를 차지하기에 조금도 손색이 없다. 그러나 처음부터 벼 이삭이 주렁주렁 달렸던 것은 아니다. 가을 들판을 황금색으로 물들이는 벼는 끊임없는 품종 개량과 비료 개발로 이루어진 과학의 산물이다.

아무리 식물이 광합성을 해서 양분을 얻는 독립 영양 생물이라고는 하나, 물, 질소, 인, 칼륨 같은 원소들은 땅에서 얻어야 한다. 이런 무기물을 모아 식물이 금방 쓸 수 있게 만든 것이 비료다. 과학 지식이 부족했던 옛날 사람들은 새들이 싼 똥이 저절로 삭아 천연 비료가 된 구아노를 퍼다 썼고, 가축과 사람의 똥을 삭혀서 쓰기도 했다. 똥 속에는 식물의 생장과 유전자 구성에 반드시 필요한 질소, 인, 칼륨이 들어 있어 작물을 쑥쑥 자라게 한다. 결국 인류 번성의 비밀은 비료다!

3. 미역국

생일에는 미역국 말고
좋아하는 것을 먹어.

안 먹어도 된다

◇◇◇◇◇◇◇◇◇◇◇◇◇◇◇◇◇

미역은 식물도 동물도 아닌 원생생물이다. 다세포 생물이면서 세포마다 핵이 있는 진핵 세포이며, 광합성을 하는 독립 영양 생물이다. 미역은 식물이 아니기 때문에 뿌리처럼 보이는 부분은 물이나 영양분을 흡수하는 기능이 없고 오직 바위에 붙어 있기 위한 것이다. 줄기와 넓적한 잎이 식물과 닮았지만, 식물이라서 그런 모양으로 생긴 것이 아니라, 미역도 광합성을 하려면 식물처럼 넓은 잎이 유리하기 때문이다. 이처럼 계통이 다른 생물이라도 환경에 적응하기 위해 비슷한 외모를 가지게 되는 것을 '수렴 진화'라고 한다.

미역은 우리나라에서는 아이를 낳은 산모가 반드시 먹어야 할 필수 음식으로 여긴다. 미역에 포함된 아이오딘은 산모의 자궁 수축과 젖 분비에 도움이 되고, 철분은 임신과 출산으로 빈혈이 되기 쉬운 산모에게 반드시 필요하며, 식이 섬유는 변비를 예방해 주기 때문이다.

이처럼 미역이 산모에게 좋은 음식인 것은 이해가 가나, 그날 태어난 사람이 생일마다 매번 미역국을 먹는 이유는 뭘까? 우리나라 사람들은 평소에도 다시마나 김을 많이 먹어 아이오딘이 모자라지도 않다. 그러니 생일엔 미역국에 연연하지 말고 맛있는 것을 먹자.

4. 장수면

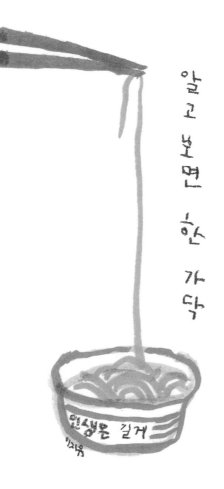

알 고 보 면 한 가 닥

인생은 길게
이지웅

라면도 알고 보면 장수면

◇◇◇◇◇◇◇◇◇◇◇◇◇◇◇◇◇◇◇◇◇◇◇◇◇◇◇◇◇◇◇

　중국에서는 생일에 오래 살라는 의미로 장수면을 먹는다. 장수면은 오직 한 줄로 만든 국수로, 밀가루 반죽 한 덩어리를 한 줄로 뽑아 국수를 끓인다. 면을 직접 뽑는 중국집에 가면, 국물이 끓고 있는 커다란 솥에서 2~3미터 떨어진 곳에 면 뽑기 장인이 현란한 손놀림으로 면을 실 뽑듯이 끊어지지 않게 솥에 던져 넣는 묘기를 볼 수 있다. 이렇게 면을 끊기지 않고 뽑으려면 밀가루에 글루테닌과 글리아딘의 함량이 높아야 한다. 그래야 물과 소금을 섞어 치댔을 때 글루텐이 많이 합성된다. 글루텐은 글루테닌과 글리아딘이 결합된 매우 큰 분자로 글루텐이 많을수록 더 쫄깃하고 면이 끊기지 않는다.

　이렇게 한 덩어리에서 면을 길게 뽑아 만든 것으로 라면이 있다. 장수면과 다른 점이 있다면 라면은 여러 개의 덩어리에서 뽑은 면을 구불거리게 중첩시켜 튀긴 뒤 식혔다는 것뿐, 기본적으로 원리는 장수면과 같다. 그러니 생일에 자신이 좋아하는 라면을 끓여 먹는 것은 장수면을 먹는 것과 같은 효과가 있다. 물론 장수면을 먹는 사람이 오래 사는 건지, 오래 살았기 때문에 장수면을 많이 먹은 건지는 생각해 볼 필요가 있겠다.

5. 이름 파이

우아~ 내 거다.

이름을 남기고 싶다면

◇◇◇◇◇◇◇◇◇◇◇◇◇◇◇◇◇◇◇◇◇◇◇◇◇◇

러시아에서는 생일을 맞은 사람의 이름을 커다랗게 쓴 파이를 굽는다. 파이는 밀가루와 버터, 계란을 섞어 반죽해 그릇 모양을 만들고, 그 안에 설탕에 졸인 과일을 넣은 뒤, 밀가루 반죽으로 뚜껑을 만들어 덮어서 구워 낸 음식이다. 생일 파이에는 뚜껑에 밀가루 반죽을 덧대서 이름을 쓴다. 이렇게 이름을 달아 놓은 파이는 생일 주인공 외에는 아무도 손을 댈 수 없다. 이름은 원래 부르고 듣는 것이라 형태나 모양이 없지만, 이렇게 시각적으로 확인하도록 해 놓으면 물건의 소유자가 확실해진다.

이름에는 참으로 신비한 힘이 있다. 이름은 모양도 없고 손에 잡히지도 않지만 어떤 물건에 이름이 붙는 순간 그 물건은 영혼을 얻는다. 그 때문에 물건에 이름을 붙일 때 죽은 사람의 이름을 빌려 오기도 한다. 주기율표를 예로 들어 보자. 96번 퀴륨(Cm)은 마리 퀴리로부터, 99번 아인슈타이늄(Es)은 당연히 아인슈타인, 100번 페르뮴(Fm)은 핵분열 연쇄 반응 실험을 성공시킨 엔리코 페르미, 101번 멘델레븀(Md)은 주기율표를 만든 드미트리 멘델레예프, 102번 노벨륨(No)은 알프레드 노벨에서 따왔다. 안타깝게도 이제 주기율표의 원소는 거의 다 찾았다. 그러니 이름을 남기고 싶다면 새로운 별을 찾는다든가, 남들이 발견하지 못한 공룡 화석을 찾는다든가, 다른 영역을 개척하는 수밖에 없다.

6. 크로캉부슈

초 →

이지용

이런 케이크도 있어.

'홈런볼'로 쌓는 크리스마스트리

바삭한 페이스트리 속에 다양한 크림을 넣은 둥근 과자를 만든 뒤, 과자에 캐러멜 소스를 바른다. 그 과자들을 피라미드 모양으로 계속 쌓으면 프랑스의 생일 음식인 크로캉부슈(croquembouche)가 완성된다. 과자가 쓰러지거나 무너지지 않게 가운데 나무나 종이 심을 세우는 것도 잊지 말아야 한다. 이렇게 쓰고 보니 매우 간단해 보이지만 숙련된 제빵사라도 만드는 데 얼추 8시간이 걸리는, 손이 많이 가는 케이크다.

하지만 우리는 아주 간단하게 이 케이크를 흉내 낼 수 있다. 가게에서 파는 '홈런볼'을 사다가 캐러멜 소스를 발라 차곡차곡 쌓으면 된다. 또는 제과점에서 파는 슈크림을 사다가 쌓아도 된다. 아마 쌓다 보면 얼마나 높이 쌓을 수 있을지 궁금해질 것이다. '홈런볼' 과자 하나의 무게는 1.7그램이다. '홈런볼' 하나가 견딜 수 있는 무게는 실험에 의하면 525그램이니, 단순히 계산해 보면 그 위로 308개 더 쌓을 수 있는 셈이다. 쓰러지지 않게 가운데를 꿰거나 밑면이 넓은 피라미드 모양을 생각해 계산할 수도 있겠다. 그럼 '홈런볼'은 모두 몇 개가 필요할까?

7. 페어리 브레드

가장 간단한 생일 음식.

화려한 요정의 빵
◇◇◇◇◇◇◇◇◇◇◇◇◇◇◇◇

페어리 브레드(fairy bread)는 샌드위치용 빵에 버터나 크림을 바르고, 아주 작은 설탕 덩어리에 온갖 색으로 코팅한 색 구슬을 뿌린 뒤, 빵을 겹치거나 말아서 먹는 음식이다. 빵은 겹치거나 말기 쉬워야 하므로 밀 껍질을 다 벗기고 갈아 낸 밀가루와 설탕, 버터, 계란 등을 반죽해 만들고, 크림은 우유에서 지방만을 걷어 만들며, 색 구슬 또한 설탕 100퍼센트에 약간의 색소가 들어 있는 것이니, 이 '요정의 빵'은 맛이 없을 수가 없다. 호주에서 생일 파티 때 빠지지 않는다고 하는데, 만들기도 쉽고 맛도 있고 색도 예뻐서 바다 건너 다른 대륙에도 퍼지는 모양이다.

아무도 관심을 두지 않겠지만 작은 색 구슬을 만들 때 가장 중요한 것은 구슬들이 서로 달라붙지 않아야 한다는 점이다. 과자 업계에서는 이를 위해 카르나우바 왁스를 이용한다. 브라질 왁스 또는 야자 왁스라고도 불리는데, 브라질 북동쪽에서 자라는 카르나우바 야자나무의 껍질에서 얻는다. 이 왁스는 물질이 들러붙는 것을 방지하고 광을 내는 거의 모든 물건, 예를 들어 자동차 광택제, 구두약, 치실, 사탕, 초콜릿, 젤리 등을 만들 때 쓰인다. 방금 초코볼을 하나 먹었다면 브라질에서 온 야자 왁스도 함께 먹은 셈이다.

8. 브리가데이루

초콜릿이 없다면
우리는 어떻게 살까?

입에 물고만 있어도

◇◇◇◇◇◇◇◇◇◇◇◇◇◇◇◇◇◇◇◇◇

　브리가데이루(brigadeiro)는 연유에 초콜릿 가루와 버터를 섞어 작은 공 모양으로 빚은 뒤, 여기에 초콜릿 과립을 얹어 내놓는 브라질의 대표 디저트이다. 재료에서 이미 짐작했겠지만 당분이 매우 풍부해 엄청나게 달기 때문에 각종 기념일과 생일 파티에 내놓으면, 먹은 사람 모두 기분이 좋아져 파티를 망치는 일이 없다. 단맛이 사람의 기분을 좋게 만드는 것은 과학적으로도 입증이 된 바 있다. 단 것을 먹으면 술을 마셨을 때와 비슷한 부위의 뇌 기능이 활성화되기 때문에, 파티에 참석한 사람들의 긴장이 풀어지고 사교적인 대화를 자연스럽게 이어 갈 수 있다고 한다.

　이와 같은 맥락에서 단맛은 우울증을 완화시키고 진통제 역할도 한다. 과학자들은 단맛이 고통을 얼마나 줄여 주는지 알아보기 위해, 설탕물과 물을 각각 입에 머금고 손을 10도의 찬물에 넣고 얼마나 견디는지 알아보았다. 그랬더니 설탕물을 물고 있는 경우가 물을 머금고 있는 경우보다 36퍼센트 더 오랜 시간 참았다고 한다. 더 놀라운 것은 설탕물을 삼키지 않고 입에 물고만 있어도 우울증 완화, 진통 효과, 운동 능력 증가와 같은 효과를 보인다는 것이다. 그러니 체중 증가가 걱정이라면 브리가데이루를 삼키지 말고 물고만 있는 것으로!

삶아 으깬 마와
삶은 달걀 먹고
삶은 생일부터.

참마가 잘 자라면

◇◇◇◇◇◇◇◇◇◇◇◇◇◇◇◇◇◇

오토(oto)는 가나의 전통 생일 음식으로, 참마를 삶아 으깨고 팜유, 우유, 설탕, 소금을 섞은 뒤 삶은 달걀을 통으로 얹어 담아낸다. 오토는 가나의 전통 토기인 에카에 담는데, 에카는 항아리 뚜껑처럼 생겼다. 참마는 감자처럼 뿌리에 양분을 저장하는 식물로, 남아메리카의 고산 지대에서 감자가 많은 사람을 먹여 살렸다면, 참마는 열대기후에 사는 사람들을 먹여 살렸다. 이렇게 중요한 식물이니 열대 기후에 있는 가나 사람들이 생일에 챙겨 먹는 것은 당연하다.

마는 다른 나무를 타고 올라가면서 잎을 내는 열대 덩굴성 식물로, 큰 나무들이 좋아하지 않는 비탈면에서도 잘 자란다. 나무가 비탈면에 뿌리를 내렸다가 산사태라도 나면 뿌리째 뽑혀 죽을 확률이 크지만 참마 같은 덩굴성 식물은 흙을 잘 붙드는 것은 물론 덩굴이 서로 엉켜 풍화와 침식을 막아 주므로 비탈이 무너지는 것을 막는다. 이와 같은 이유로 일본에서는 사면이나 둑 근처에서 자라는 야생 참마를 캐는 것을 법으로 막고 있다. 이렇게 중요한 참마를 우리가 많이 먹지 않는 이유는 우리나라가 열대 기후에 속하지 않기 때문이지만, 기후 변화로 참마가 잘 자라면 감자 대신 마를 삶아 먹는 날이 올지도 모른다.

10. 카게콘·카게만드

이런 쿠키는 어떻게 먹나.

달리면서 먹지.

머리 먼저 꿀꺽!

◇◇◇◇◇◇◇◇◇◇◇◇◇◇

덴마크 생일 파티에 빠지지 않는 쿠키가 있다. 효모를 넣어 반죽한 밀가루를 납작하게 편 뒤 사람 모양으로 틀을 잡고 그 위에 과일, 사탕, 초콜릿 등으로 장식한 케이크다. 사람 모양 쿠키를 크게 만든 것과 비슷하다. 여자 모양을 카게콘(kagekone), 남자 모양을 카게만드(kagemand)라고 부른다. 케이크를 만들 때는 생일 주인공이 좋아하는 재료로 장식할 수 있고, 머리 모양과 얼굴도 주인공을 닮게 만들 수 있어 어린이들에게 인기 만점이다.

덴마크에서는 발효 빵을 주로 이용하지만, 제빵사의 재량에 따라 페이스트리로 만들 수도 있고, 사람 모양의 피자를 만들 수도 있다. 우리나라에서라면 떡으로 만들 수도 있겠다. 사람 모양 케이크의 사소한 단점을 하나 꼽자면 잘라서 먹기가 조금 불편할 수 있다는 점이다. 아무래도 사람을 닮은 모양이니 말이다. 그럼 덴마크에서는 어떻게 먹을까? 생일인 사람이 자신의 머리를 먼저 먹는다고 한다!

11. 쇼우타오

50세 이상만 먹으라는데,
아무래도 맛있는 걸
어른들만 먹으려는 것 같다.

손오공이 먹은 복숭아

쇼우타오는 복숭아 모양으로 빚은 떡으로 대만에서 장수를 기원하며 먹는 음식이다. 아무 때나 먹을 수 있는 것은 아니고, 50세가 넘으면 그때부터 생일에 먹는다고 한다. 장수와 건강에 대한 복숭아의 효능은 손오공 이야기에서부터 전해지고 있으므로 의심하고 싶진 않으나, 현대 과학의 눈으로 복숭아를 살펴보는 것도 의미가 있겠다. 복숭아가 뭔가 고급스러운 느낌을 주는 것은 이 과일 나무가 연평균 기온이 12~15도이면서 너무 습하지도 건조하지도 않은 지역에서만 자라기 때문이다. 쾨펜의 기후 분류로 보면 온대 지역이다.

인간의 역사를 놓고 보았을 때 이런 조건을 갖춘 곳은 모두 문명의 발상지였고, 현재에도 사람이 살기 좋은 곳이다. 그러니 날마다 비가 오고 눅눅한 열대 지방이나, 비 한 방울 오지 않는 사막과 같은 건조 지역이나, 나무라고는 찾아볼 수 없는 추운 한대 지역에 사는 사람이 보았을 때 복숭아가 열리는 지방은 따뜻하고 적당히 비가 오는 살기 좋은 곳이다. 게다가 복숭아는 과육이 물러 오래 저장할 수 없으므로 귀한 과일일 수밖에 없다. 희소가치 덕을 본다고나 할까.

12. 피냐타

내 안에 사탕 있다.

되는 대로 휘두르다 보면

피냐타는 멕시코를 비롯한 중남미 국가 어린이들의 생일 파티에 빠지지 않는 종이 인형이다. 색색의 종이로 속이 빈 인형 모양의 통을 만들어 거기에 사탕, 캐러멜, 마시멜로 등을 넣어 매달아 놓는다. 눈을 가린 생일 당사자가 막대기를 휘두르며 그 보따리를 쳐서 터뜨리는 것인데, 주인공이 엉뚱한 방향으로 막대기를 휘두르면 주변에 있는 사람들이 소리를 쳐서 방향을 알려 준다. 사람의 귀는 양쪽에 각각 한 개씩 있기 때문에 소리만 듣고도 어느 쪽에서 들리는지 알아챌 수 있다.

뇌는 양쪽 귀에 도착하는 소리의 시간차를 계산해 어디쯤에서 소리가 들리는지 알지만, 인간의 귀는 그다지 성능이 좋지 않아 정확히 어디에서 오는지 판단하려면 눈과 협업해야 한다. 그러니 조금이라도 빨리 피냐타를 열고 싶다면, 모두 그 아래 모여 정확한 위치에서 소리를 내야 한다. 그러나 보통은 여기저기서 소리를 질러 방해하고 주인공은 되는 대로 휘두르다 운 좋게 사탕 보따리를 터뜨린다. 그러고는 사탕이 와르르 쏟아지면 또 함성을 지르며 달려가 사탕을 주워 먹는다. 아무튼 즐겁다.

6장

생일 선물

생일의 백미는 선물이다. 가만히 생각해 보면 해마다 돌아오는 생일을 굳이 챙겨야 할 이유가 무엇인지 찾기 어렵다. 생일을 축하하지 않는다고 내일이 오지 않거나 당장 죽는 것도 아니기 때문이다. 사람들이 생일을 축하하는 이유는 생일이 관심을 주고받기에 좋은 기회가 되기 때문이다. 결국 인간은 혼자서는 살 수 없는 동물이라 그렇다. 관심은 마음만으로도 충분하다곤 하지만, 역시 인간은 물질로 이루어진 육체와 그로부터 나오는 마음을 가진 존재이기 때문에 물질로 이루어진 선물을 받는 기쁨 또한 누리고 싶다. 그렇다면 **10대들은 어떤 생일 선물을 받고 싶어 할까?** 학교 강연에서 만난 청소년들의 의견을 참고하여 골라 보았다.

1. 스마트폰

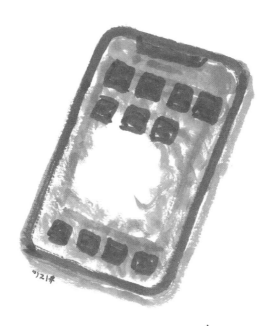

나보다 나에 대해
더 많은 것을 기억한다.

내가 나임을 증명하는 물건

생일 선물의 최고봉은 역시 스마트폰이다. 애플이 스마트폰을 출시한 것이 2009년! 인간의 삶은 그 전과 후로 나뉜다. 스마트폰이 없을 때는 어떻게 살았을까? 그 시절을 살았지만 도무지 기억이 나지 않는다. 스마트폰만 있으면 언제 어디서나 통화를 할 수 있고, 수천 명의 사람들과 SNS에서 만날 수 있고, 물건을 살 수 있고, 버스, 택시, 기차를 탈 수 있고, 커피를 마실 수 있고, 영화와 드라마를 볼 수 있다. 스마트폰이 없으면 저 일들을 어떻게 할 수 있을지 상상이 잘 가지 않는다. 결정적으로 스마트폰이 없으면 내가 나임을 증명할 수 없다. 나보다 더 중요한 스마트폰에 대해 딱 한 가지 불편한 점이 있다면, 주기적으로 충전을 해야 한다는 것이다.

스마트폰 제조업자들이 이런 문제를 모를 리 없다. 그래서 전자기 유도 방식을 이용해 선이 없어도 충전할 수 있는 방법을 개발했지만, 전자기를 유도하는 납작한 통 위에 스마트폰을 올려놓거나 4밀리미터 이상 떨어지지 않게 들고 있어야 한다. 이에 충전지와 스마트폰이 좀 멀리 떨어져 있어도 충전이 가능한 자기 공명 방식, 전자파 방식 등을 개발하고 있으나 인체에 유해한 전자파가 나오기 때문에 여전히 난항을 겪고 있다. 하지만 몇 년 후엔 아무도 충전을 위해 전선을 쓰지 않을 것이다. 그리고 옛날엔 충전을 어떻게 했는지 기억나지 않는다고 하겠지.

2. 돈

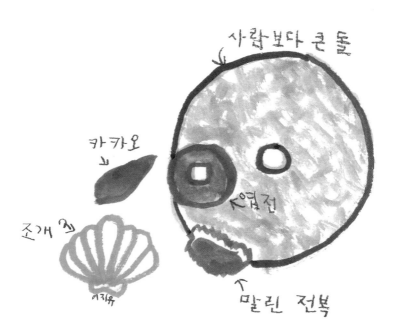

사람보다 큰 돌

카카오

조개

엽전

말린 전복

암, 돈이 가장 좋은
선물이지!

진짜 돈일까?

◇◇◇◇◇◇◇◇◇◇◇◇

분명 머지않은 미래에 인간은 두 부류로 나뉠 것이다. 돈이라는 단어를 들으면 종이로 만든 지폐를 떠올리는 나이 많은 인간과 스마트폰 안에 저장된 전자 화폐를 생각하는 어린 인간. 돈은 인간이 욕망하는 물건, 기회, 시간 등을 교환할 수 있는 수단으로, 사회 구조가 복잡해지면서 물물교환으로 모든 것을 해결할 수 없어 생겨난 가치 교환 수단이다. 그러니 그 형태는 종이든 전자 화폐든 상관없으며, 돌이나 나무판을 이용해도 된다. 하지만 돈을 마구 찍어 내면 돈의 가치가 하락하기 때문에, 금처럼 쉽게 늘지 않아 유한한 물건을 기준으로 그 가치만큼만 돈을 찍어 낸다.

요즘은 컴퓨터로 디지털계의 금인 코인을 채굴하는데 코인은 아주 천천히 튀어나올 뿐 아니라 일정한 시간이 지나면 생산량이 반으로 줄어드는 반감기가 있어, 결국 아무것도 나오지 않는 시간이 온다. 이렇게 유한한 자원은 금처럼 가치를 측정하는 도구가 될 수 있다. 이것이 가상 화폐로, 대표적으로 비트코인이 있다. 전자 화폐는 기존에 있던 통화를 단순히 디지털로 바꾼 것인 반면, 가상 화폐는 세상에 없던 새로운 가치 기준을 지닌 통화를 만든다는 차이가 있다. 하지만 인간들은 재화의 기준이라는 가치보다, 오로지 일확천금을 노리고 가상 화폐의 매점매석을 일삼는다. 이래서야 멸종을 면할 수 있을까?

3. 무선 이어폰

대세는 블루투스.

너와의 특별한 주파수

앞에서 스마트폰의 충전선이 없어질 것이라는 이야기를 했는데, 사실 이어폰 줄은 벌써 없어졌다. 선이 없는 이어폰이 나왔을 때 인간들은 완강히 반항했지만, 오늘날 길 가는 사람들의 귀를 보라. 대부분 무선 이어폰을 끼고 있다. 이 모든 일은 블루투스라는 신박한 기술 덕분에 가능하다. 1994년 개발된 블루투스 기술은, 2400~2483.5메가헤르츠 사이의 특정 주파수의 전파를 79구간으로 나눈 뒤, 1초에 1,600번 오가며 디지털 정보를 전달한다. 예전에 유행했던 오락실 게임 중 화면에 나타나는 대로 발을 이리저리 옮기며 발판을 밟아야 스테이지를 클리어할 수 있는 게임이 있었다. 블루투스 기술의 기본은 이와 비슷하다.

정보를 주는 기기를 '마스터', 정보를 받는 기기를 '슬레이브'라고 하는데, 두 기기 사이에 구간을 옮기는 패턴을 인식하고 맞추어야 정보를 주고받을 수 있다. 이를 동기화라 한다. 이것은 기본적으로 암호를 송수신하는 것과 같아, 주변에 다른 기기가 있어도 정보가 섞이지 않는다. 마스터는 여러 슬레이브를 거느릴 수 있지만, 슬레이브 사이에는 통신할 수 없다. 그러니까 컴퓨터에는 여러 개의 무선 이어폰을 동기화할 수 있지만, 이어폰끼리 블루투스로 통신을 할 수는 없다는 뜻이다. 그나저나 나 원 참, 슬레이브(slave, 노예)라니!

4. 게임기

이지유

게임, 운동, 친목 다지기를
한 번에 해결.

일단은 안심

여전히 게임기는 인기 있는 생일 선물이다. 게임기는 게임만을 목적으로 하는, 손에 들 수 있는 컴퓨터와 같고, 중앙 처리 장치(CPU), 주 기억 장치, 보조 기억 장치로 구성되어 있다. 중앙 처리 장치는 우리 몸으로 치면 뇌와 같다. 대부분 손톱보다 작으며 데이터를 받아들이고 코어에서 계산한 뒤 결과를 내보낸다. 1996년에 A4용지를 반으로 접은 크기의 노트북처럼 생긴 휴대용 게임기 리브레토가 나왔을 때, 중앙 처리 장치의 기능은 486DX4였고 주 기억 장치의 용량은 8메가바이트에 불과했다.

하지만 기술의 발전과 더불어 요즘 게임기는 코어가 4개 들어가 훨씬 속도가 빨라진 중앙 처리 장치와 8기가바이트에 달하는 주 기억 장치를 달고 있다. 미래학자들은 중앙 처리 장치의 기능이 이 정도 속도로 좋아진다면 2040년쯤에는 컴퓨터가 인간의 지능을 뛰어넘을 것이라 예상한다. 그러니까 게임기가 나보다 똑똑해진다는 소리다. 하지만 그 계산은 인간의 뇌세포에서 분비되는 신경 전달 물질을 생각하지 않은 것이다. 뇌세포 하나의 끝에서는 셀 수 없을 정도로 많은 신경 전달 물질이 분비된다. 이 물질을 모두 세서 지수 형태로 곱해야 컴퓨터와 올바른 비교라 할 수 있다. 그렇기 때문에 그런 일은, 만에 하나 일어난다 하더라도, 2040년엔 어림도 없다. 그러니 안심하고 선물로 받도록 하자.

5. 인형

너 자신을 알라.

로봇 인형은 시기상조

생일 선물로 인형이라니, 너무 시시하다고 생각할 수도 있겠다. 그렇다면 우리가 흔히 아는 헝겊, 플라스틱, 나무, 흙, 종이 등으로 사람의 모습을 본떠 만든 인형 말고 인공 지능을 장착한 로봇 인형은 어떨까? 주인의 표정, 말투 등을 분석해 기분을 파악하고 이에 맞는 반응을 보이는 로봇이라니, 누구나 가지고 싶을 법하다. 이러한 인공 지능 로봇에게는 사람이 제공하는 어마어마한 양의 기본 데이터를 바탕으로 스스로 분석하고 대응 방침을 세운 뒤, 주인으로 정해진 인간에게 봉사하라는 임무가 주어진다. 그러나 아직까지 인공 지능은 그다지 똑똑하지 않으며 인간의 명령을 제대로 이해하지도 못한다.

예를 들어 의사들이 종양과 종양이 아닌 것을 구분하라고 다량의 데이터를 제공했는데, 인공 지능은 바탕에 있던 눈금자에 대한 방대한 자료를 구축했다. 그 자료를 어디에 쓰려고 했는지는 모른다. 확실한 사실 하나는 로봇이 똑똑해지길 바란다면 똑똑한 데이터를 제공해야 한다는 것이다. 데이터는 인간이 제공한다. 쓰레기를 넣으면 쓰레기가 나올 수밖에 없는 것이다. 그러니 똑똑한 인공 지능을 만들려면, 인간에 대한 이해가 먼저다.

6. 이모티콘

꼭 필요한 언어, 이모티콘.

오늘 내가 보낸 이모티콘은?

이모티콘은 새로운 언어다. 텍스트와 달리 보는 순간 감정과 분위기를 파악할 수 있고, 때에 따라서는 언어로 표현할 수 없는 복잡한 기분을 나타낼 수도 있다. 문자, SNS를 통한 메신저 등이 음성 통화보다 보편적인 통신 수단이 된 오늘날, 이모티콘이 없는 대화는 상상할수 없다. 이를 뒤집어 생각해 보면 이모티콘은 통신 기술의 발달이 없었다면 나올 수 없는 언어인 셈이다. 1982년, 미국 카네기멜론대학교 스콧 팔먼 교수는 문자, 숫자, 특수 기호를 사용해 컴퓨터 대화에서 쓸수 있는 '그림말', 곧 이모티콘을 만들었다. 아스키(ASCII) 코드로 만든 :-), :-(, ^^ 등의 표현은 텍스트로는 표현하기 힘든 감정을 전달할수 있었다. 비언어 수단인 이모티콘은 현재 컴퓨터에 쓰이는 표준 언어(유니코드)에도 등록되어 있는, 누구나 사용하는 컴퓨터 언어다.

요즘은 다양한 캐릭터가 등장하고 때로는 움직이기까지 하는 이모티콘이 수없이 개발되어, 자신이 좋아하는 캐릭터에 자신의 마음을 담아 상대방에게 전할 수 있다. 부담 없는 생일 선물이라면 이모티콘이 제격이다.

한편, 세계인이 가장 많이 사용하는 이모티콘은 행복한 얼굴(45퍼센트)이고 다음으로는 슬픈 얼굴(14퍼센트)이라고 한다. 이는 인간이 기쁘거나 슬픈 자신의 감정을 타인과 나누고 싶은 욕구가 있다는 사실을 증명해 주는 것은 아닐까?

7. 레고

무엇이든 만든다!

전 세계 레고를 다 모으면

모든 연령대의 사랑을 받는 조립식 장난감 레고! 몇 가지 기본 모양의 블록이 충분히 있다면 튀어나온 부분과 홈을 맞추고 끼워 원하는 모양을 만들 수 있다. 단단하면서도 약간의 유연성이 있는 레고 블록은 석유에서 얻은 ABS 플라스틱으로 만들었다. 이 플라스틱은, 부타디엔 성분이 견고해 단단함과 모양을 만드는 데 좋고, 스티렌 성분은 마치 고무와 같은 유연성이 있어 블록을 끼울 때 기분 좋게 딱 들어맞는 것은 물론이고 끼운 상태를 더욱 잘 유지한다. 이것이 다른 블록 장난감들과 '레고'가 다른 결정적인 이유이다.

ABS 플라스틱이 아니었다면 레고는 지금처럼 인기를 얻지 못했을 수도 있다. 하지만 재료를 화석 연료에서 얻어야 하는 만큼, 기후 변화의 원인으로 꼽히는 이산화탄소 배출에 관해 생각하지 않을 수 없다. 최근 레고 회사에서 페트병 등 폐플라스틱을 이용해 블록을 만들기 시작했다고 하는데, 더욱 속도에 박차를 가해서 지구 환경에 조금이라도 도움이 되기를 기대한다.

8. 프라모델

프라모델은 버리지 말고,
무덤까지 가는 걸로.

평생 함께해야 해

자동차, 비행기, 애니메이션 주인공 등을 플라스틱으로 정교하게 만든 것을 통틀어 프라모델이라고 한다. 키트를 구입해서 조각을 뜯어 맞추고 전용 물감으로 색을 칠해 소장한다. 시중에서 구입할 수 있는 프라모델은 대부분 PVC 플라스틱을 이용한다. 카바이드라 불리는 탄화칼슘을 물과 반응시켜 만들거나 석유에서 화합물을 뽑아서 만든다.

PVC 파이프라는 말은 화학을 몰라도 보통 명사처럼 쓰이며, 보관용 상자, 레코드판, 인조 가죽, 바닥재, 전기 절연체 등 눈만 한 번 굴리면 PVC로 만든 물건을 무한정 볼 수 있다. 이렇게 다방면에 쓰이는 이유는 값이 싸고, 만들고 색을 내기 쉽고, 단단하면서도 유연성이 있고, 마모에도 강하기 때문이다. 단 한 가지 약점이 있다면 열에 약하다는 점인데, 불이 붙으면 유독성 가스를 뿜어내기 때문에 실내에 불이 났을 때 가스가 호흡기로 들어가 목숨을 앗아가기도 한다. 그러니 프라모델을 좋아하는 사람이라면 자나 깨나 불조심!

9. 신발

새 신을 신고 뛰어 보자,
팔짝!

맨발의 투혼은 이제 무리

인간은 지구의 동물 가운데 신발을 신는 유일한 동물이다.

하지만 인간의 발바닥 피부는 본디 체중을 감당할 정도로 내구성이 강하고 질기며 두껍다. 특히 걸을 때 충격을 많이 받는 뒤꿈치의 피부가 두꺼운데, 내디딜 때 가해지는 충격을 완화하기 위해서다.

그렇다 하더라도 쿵쿵 소리를 내며 걸으면 아무 소용없다. 발목, 무릎, 고관절, 척추, 머리뼈까지 충격이 고스란히 전해지기 때문이다. 이런 위험을 줄이기 위해 신발, 특히 운동화를 만드는 회사에서는 뒤꿈치 쪽에 충격을 완화하는 다양한 장치를 넣는다. 공기를 넣기도 하고 탄력이 좋은 고무나 신소재를 쓰기도 하며, 어떤 제품은 뒤꿈치에 스프링이라도 넣은 듯 뗄 때 밀어 준다는 광고를 하며 비싸게 판다.

하지만 아무리 좋은 신소재도 인간의 뼈와 근육만큼 튼튼하거나 탄력이 좋지 못하다. 그럼에도 불구하고 오래전부터 신발을 신어 발바닥 피부가 얇아진 현대인은 나무에서 얻은 고무와 동물에게서 얻은 가죽과 땅에서 얻은 소재들로 만든 신발을 신어야 안전하게 지구 곳곳을 다닐 수 있다.

10. 자전거

자전거는 가장 효율이 좋은
운송 수단이다.

가장 효율이 높은 선물

◇◇◇◇◇◇◇◇◇◇◇◇◇◇◇◇◇◇◇◇◇◇◇◇◇◇◇

  생일 선물로 자전거를 선택하면, 받는 사람과 주는 사람 모두 지구를 살리는 데 큰 공헌을 한 셈이다. 자전거에 대해서라면 찬사를 하루 종일 늘어놓을 수 있지만, 그중에서도 가장 훌륭한 점은 인간이 만든 운송 수단 중 효율이 가장 높은 기계라는 점이다. 페달에 공급하는 에너지의 90퍼센트는 바퀴를 굴리는 데 쓰이며, 고작 10퍼센트만이 마찰, 열, 소리로 사라진다. 반면 자동차의 디젤 엔진은 크랭크축에 공급하는 에너지의 40퍼센트만 바퀴를 굴리는 데 쓴다. 자동차가 화석 연료인 석유를 태워 그로부터 나온 이산화탄소가 지구 대기에 더해지면, 안 그래도 문제가 되고 있는 기후 변화에 더욱 좋지 않은 영향을 준다.

  자동차의 무게가 1톤이 넘는 반면 자전거의 무게는 고작 10킬로그램이다. 성인은 자신보다 가벼운 기계를 이용해 걷거나 뛰는 것보다 훨씬 빠른 속력으로 이동할 수 있다. 화석 연료를 태우지 않고 말이다. 자전거의 좋은 점은 이것뿐이 아니다. 자전거 페달을 밟기 위해서는 인간의 가장 큰 근육인 대퇴근과 엉덩이 근육을 써야 하는데, 짧은 시간 운동했을 때 체온을 가장 빨리 올리는 방법이 바로 이 근육들을 쓰는 것이다. 자연히 건강이 좋아진다.

11. 전동 휠

나옹아, 안전모 써야지.

좌우 균형은 각자 알아서

전통적인 자전거에서 바퀴 하나와 안장과 페달을 떼어 내고 전동 모터를 단 현대식 외발 자전거, 전동 휠! 전동 휠은 손잡이도 없고 스위치도 없지만 내가 가고 싶다고 생각하면 출발한다. 이건 어찌된 일일까? 전동 휠에는 자이로스코프가 내장되어 있다. 자이로스코프를 만들려면 우선 위아래가 완전히 대칭인 팽이를 준비해야 한다. 그리고 팽이보다 약간 큰 고리를 회전축 양 끝과 연결하고, 첫 번째 고리보다 조금 큰 두 번째 고리와, 그것보다 조금 큰 세 번째 고리를 준비해 각각 직각 방향으로 연결하면 끝이다. 팽이는 한 번 돌기 시작하면 위치가 변하지 않고 바깥 고리들이 움직이기 때문에 이를 이용해 물체의 기울어진 정도를 파악할 수 있다.

고리들은 전동 휠과 붙어 있어서, 전동 휠에 올라타서 몸의 무게 중심을 살짝 앞으로 기울이면 내장된 자이로스코프가 알아챈다. 그것이 바로 출발 신호! 가다가 중심을 뒤로 살짝 옮기면 역시 자이로스코프가 알아채고 정지 스위치를 작동시킨다. 그러니까 전동 휠과 나는 텔레파시를 하는 것이 아니다. 그럼 최대 난관인 좌우 균형은 어쩌냐고? 그건 당신의 운동 신경에 달렸다.

12. 여행

여행은 역시
시간여행.

생일 여행 의무화

생일에는 다른 어떤 선물보다도 여행을 선물하자. 여행은 다양한 의미를 가진다. 늘 살던 곳을 벗어나 전혀 다른 공간으로 진입하는 것일 수도 있고, 몸은 늘 살던 곳에 있어도 정신은 다른 곳으로 옮겨 가는 휴식의 시간일 수도 있다. 확실한 사실 하나는, 어떤 여행이든 우리 뇌의 능력을 향상시켜 준다는 점이다. 심리학자, 과학자, 의사들은 휴식이 인간의 두뇌 활동을 더욱 향상시킨다는 연구 결과를 쏟아 내고 있다.

10초 동안 타자를 치게 한 뒤 10초 쉬고 내용을 기억하게 하거나, 치매 노인에게 새 간병인을 소개하고 10분 쉬고 기억하는지 보거나, 학생들에게 무언가를 가르치고 15분 낮잠을 자게 한 뒤 기억력을 테스트하는 등의 실험에서, 휴식은 단기, 중기, 장기 기억에 매우 좋은 영향을 주는 것으로 나타났다. 아, 그건 당연한 일이다. 데이터가 입력되면 처리할 시간이 필요한 것 아닌가?

이러한 의미에서라면 교실에서 벗어나 나무 밑 벤치에만 가도 휴식의 효과를 볼 수 있다. 그러니 학교에서는 생일을 맞은 학생들에게 휴식의 시간, 곧 여행을 선물로 주도록 하자.

이지유의 이지 사이언스
06 생일: 우주에서 온 보석 같은 너

초판 1쇄 발행 • 2021년 10월 8일

지은이 | 이지유
펴낸이 | 강일우
책임편집 | 김보은
조판 | 박지현
펴낸곳 | (주)창비
등록 | 1986년 8월 5일 제85호
주소 | 10881 경기도 파주시 회동길 184
전화 | 031-955-3333
팩시밀리 | 영업 031-955-3399 편집 031-955-3400
홈페이지 | www.changbi.com
전자우편 | ya@changbi.com

ⓒ 이지유 2021
ISBN 978-89-364-5960-4 44400
ISBN 978-89-364-5958-1 (세트)